양굽당 구움과자 작업실

양굽당 구움과자 작업실

2024년 4월 25일 1판 1쇄 발행
2025년 5월 20일 1판 2쇄 발행

지은이 신정은
펴낸이 이상훈
펴낸곳 책밥
주소 11901 경기도 구리시 갈매중앙로 190 휴밸나인 A-6001호
전화 번호 031-529-6707
팩스 번호 031-571-6702
홈페이지 www.bookisbab.co.kr
등록 2007. 1. 31. 제313-2007-126호

기획·진행 권경자
디자인 디자인허브

ISBN 979-11-93049-25-9 (13590)
정가 24,000원

책밥

양굽당 구움과자 작업실

patisserie lamblamb

글/사진 신정은

초보 홈베이커도 쉽게 만드는
양굽당의 구움과자 레시피 38

Prologue

> 양굽당 구움과자 작업실,
> 오늘도 오픈했습니다!

베이킹을 하는 시간만큼은 늘 빠르게 흘러가고 그만큼 즐거웠습니다.

긴 시간 동안 무엇인가에 몰입하며 즐길 수 있는 일이 몇 가지나 될까 생각하다 보니

베이킹이야말로 나에게 좋은 취미이자 직업이 될 수 있지 않을까 싶어

좀 더 깊이 공부하게 되었습니다.

저는 주로 구움과자를 대량 제작해 보내는 일을 했습니다.
그러다 양굽당의 구움과자를 경험한 분들의 베이킹 수업 요청에
클래스를 오픈해 가르치는 일을 시작하게 되었습니다.

복잡한 공정과 절차는 흥미를 갖게 하기도,
매장에서 판매하기도 어렵지 않을까 하는 생각에
비교적 간단한 공정만으로도 더 맛있게 만들어 낼 수 있도록
불필요한 공정은 최대한 줄이고 꼭 필요한 방법과 이론만 소개하며
지금의 양굽당 구움과자 작업실을 운영하고 있습니다.

부족하지만
작업실에서 시행착오를 겪으며 보낸
수많은 시간을 정리한 이 책이
베이킹을 시작하는 초보 홈베이커들에게는
좋은 베이킹 입문서가 될 수 있기를,
이미 양굽당을 다녀간 클래스 수강생들에게는
레시피의 확장판이 될 수 있기를,
카페 등에서 구움과자를 판매하는 분들에게는
하나씩 따라 만들며 판매할 수 있는
흥미로운 가이드가 되었으면 하는 바람입니다.

양굽당 구움과자 작업실의 달콤 바삭함이
베이킹을 사랑하는 이들에게 잘 전달되기를 바랍니다.

Contents

쿠키

2

스콘

3

파운드케이크

4

까눌레

5

피낭시에 & 다쿠아즈

6

양굽당의 시그니처

Anchor
Pure New Zealand Butter
Elle & Vire
BEURRE GASTRONOMIQUE
Gourmet Butter
Elle & Vire
BEURRE GASTRONOMIQUE
Gourmet Butter
PRÉSIDENT
French Butter
PRÉSIDENT
French Butter
Net weight: 400g

밀가루

밀은 배아, 내배유, 껍질로 구성되어 있으며, 내배유를 곱게 갈아 놓은 것이 밀가루로 전체 단백질의 대부분을 차지합니다. 밀가루는 단백질 함량에 따라 강력분, 중력분, 박력분으로 구분됩니다. 베이킹에서는 단백질 함량이 적은 박력분과 중력분을 주로 사용하고, 글루텐을 형성해야 하는 제빵의 경우에는 단백질 함량이 많은 강력분을 사용합니다.

❀ **박력분** 단백질 함량이 7~9%이며, 부드러운 연질밀을 제분하여 부드럽거나 바삭한 식감에 기여합니다. 입자가 작고 고운 성질이 있으며, 손으로 뭉치면 약간의 뭉침이 있습니다.

❀ **강력분** 단백질 함량이 12~15%이며, 입자가 거칠고 손으로 쥐었을 때 뭉치지 않습니다. 주로 제빵에서 사용하며, 제과에서는 덧가루로 활용합니다.

달걀

달걀은 흰자 60%, 노른자 30%, 난각(껍질) 10%로 이루어져 있습니다.

❀ **전란** 흰자와 노른자가 섞인 것을 말합니다.

❀ **흰자** 묽고 투명한 형태의 수양성 난백과 점도가 높은 농후난백으로 이루어집니다. 수분 88%, 단백질 11%로 이루어져 있으며, 약 60~65℃에서 응고하기 시작합니다.

❀ **노른자** 약 70%가 지방으로 이루어져 있고, 레시틴 성분이 있어 제과에서는 천연유화제로 사용됩니다. 약 65℃에서 응고되기 시작해 70℃가 되면 완전히 응고됩니다. 크림을 만들 때는 우유, 설탕 등과 섞여 응고가 억제되기 때문에 80℃까지 올려 주어야 합니다.

설탕 및 소금

설탕은 사탕수수나 사탕무의 즙을 추출하고 결정화한 원당으로 만들어집니다. 원당 결정입자에 붙어 있는 당밀과 불순물을 제거하여 만드는 당으로, 베이킹에서 주로 사용하는 것은 백설탕입니다. 제과에서는 감미제이자 보존제 역할을 하며, 백설탕, 황설탕, 흑설탕, 비정제설탕, 분당, 슈거파우더 등 다양하게 구분됩니다.

❀ **백설탕** 당도 99.7% 이상의 백색 설탕으로 깔끔한 단맛을 내며 제과에서 가장 많이 사용합니다.

❀ **황설탕** 백설탕을 가열하여 시럽화한 후 다시 결정화해 만든 설탕입니다. 같은 배합에서 황설탕을 사용할 경우 색이 짙어지고 캐러멜 풍미가 더해지는 장점이 있습니다.

❀ **흑설탕** 백설탕에 당밀을 첨가하여 열을 3회 가해 만드는 설탕으로 삼온당이라고도 불립니다. 백설탕에 캐러멜 색소를 함께 넣어 만들기도 합니다. 짙은 풍미를 주는 설탕으로 감칠맛과 짙은 색을 내는 데 도움을 줍니다.

❀ **비정제설탕** 당밀과 원당으로 분리하지 않은 함밀당으로, 갈색 빛을 띠며 특유의 풍미가 있습니다. 비교적 입자가 거칠고 종류에 따라 터비나도설탕, 머스코바도 등이 있습니다.

❀ **바닐라설탕** 백설탕에 말린 바닐라빈껍질을 갈아 사용합니다.

❀ **분당** 곱게 분쇄한 설탕가루입니다.

❀ **슈거파우더** 곱게 분쇄한 설탕가루에 옥수수전분을 3~5% 섞은 제품입니다. 설탕은 흡습성이 좋기 때문에 전분을 첨가해 수분을 빨아들이는 성질을 보완해 줍니다.

❀ **소금** 제과에서는 고운 구운 소금을 사용하는 것이 좋고, 이 책에서는 프랑스 게랑드소금을 사용했습니다. 끝맛이 쓰지 않고 단맛이 나는 것이 특징이며 토판 천일염을 곱게 빻아 놓은 형태입니다.

버터

버터는 원유의 유지방에 물이 분산되어 있는 구조로 우유의 지방이 81% 이상, 수분 14~17% 등으로 구성되어 있습니다.

❀ 비발효버터 우리나라에서 주로 생산되는 버터로 깔끔한 버터 풍미를 느낄 수 있습니다.

❀ 발효버터 젖산균을 넣어 발효시킨 버터로 진한 풍미를 가지고 있습니다. 구움과자를 만들 때 발효버터를 사용하면 더 깊고 진한 맛을 낼 수 있습니다.

↻ AOP 버터는 낙농업이 발달한 유럽의 원산지 명칭 보호 인증제도로 이즈니, 엘르앤비르, 에쉬레, 레스큐어 버터 등이 있습니다. 이 책에서는 주로 프레지덩 버터를 사용했지만, 작업실에서는 버터 풍미가 큰 역할을 하는 경우 프레지덩 버터를, 다른 향이 첨가되어 버터 풍미가 크지 않아도 되는 경우에는 앵커 버터를 사용하고 있습니다.

그 외 재료

❀ 아몬드가루 껍질 벗긴 아몬드를 곱게 분쇄한 가루로 구움과자에서 고소한 맛을 더하고 싶을 때 사용하는 재료입니다. 아몬드가루는 미국 캘리포니아, 스페인 등에서 주로 생산되며, 아몬드가루 100% 또는 95%에 소맥분을 첨가해 판매하기도 합니다.

❀ 코코아파우더 카카오빈에서 추출한 고형분으로, 가공되지 않은 코코아파우더는 쌉싸름하고 진한 풍미가 있습니다. 보통 지방분이 약 20~25% 정도 포함되어 있고 반죽의 수분을 흡수하는 성질이 있습니다. 이 때문에 밀가루 일부를 코코아파우더로 대체하는 경우에는 수분의 양을 좀 더 늘려야 합니다. 이 책에서는 발로나, 칼리바우트 제품을 사용했습니다.

❀ 말차가루 찻잎을 분쇄한 가루입니다. 녹차와 달리 차광천을 사용하여 수확 전에 빛을 차단하고(색이 짙고 부드러워진다), 찻잎의 잎맥을 제거한 나머지 부분을 찌고 갈아서 만듭니다. 잎 전체를 갈아 향이 짙고 녹차보다는 쓴맛이 적습니다. 더 짙은 녹색을 위해 클로렐라 성분을 섞은 제품도 판매하고 있습니다. 이 책에서는 말차 100%를 사용하고 있습니다.

❀ 콩가루 볶은 콩가루에 설탕이 함유된 제품입니다.

❀ 흑임자가루 볶은 검은깨를 곱게 갈아 놓은 가루입니다.

❀ 옥수수전분 유화를 안정시키는 역할을 하며 제품의 점도 또는 촉감을 좋게 해 줍니다.

❀ 피스타치오가루 피스타치오를 갈아 놓은 가루입니다.

❀ 커피가루 커피빈을 곱게 갈아 놓은 가루로 커피향 또는 마무리 장식할 때 주로 사용합니다.

유제품

❀ **우유** 주성분은 유지방, 유단백질, 유당, 무기질, 효소와 비타민 등으로 이루어져 있으며, 담백한 고소함과 함께 수분의 양을 늘릴 때 사용합니다. 오븐에서 구웠을 때 물보다 짙은 구움색을 내기도 하고 풍미를 좋게도 합니다. 이 책에서는 시중에서 쉽게 구입할 수 있는 서울우유를 사용했습니다.

❀ **생크림** 우유에서 유지방을 분리·농축해 만들며, 유지방 함량이 높아 고소함과 풍미가 뛰어납니다. 식물성 생크림은 안정적이고 작업성이 뛰어나지만 풍미가 떨어지므로 베이킹에서는 동물성 생크림을 주로 사용합니다.

❀ **휘핑크림** 생크림의 유통기한 및 보형성을 고려하여 사용하기 좋은 제품으로, 동물성 생크림에 유화제, 안정제 등이 첨가되어 있습니다. 생크림보다 유통기한이 길고 보관이 용이한 장점이 있습니다.

견과류

산화되기 쉬워 건조하고 서늘한 곳에 보관하는 것이 좋습니다. 로스팅은 170℃에서 10분 정도 굽는 것이 좋고, 입자 크기에 따라 구움색을 보며 조절합니다.

❀ **아몬드** 슬라이스, 분말, 껍질째 사용하기도 하는 견과류입니다. 설탕과 아몬드가루를 이용하여 아몬드페이스트 또는 마지팬을 만들기도 합니다. 경우에 따라 로스팅을 하거나 그대로 사용하기도 합니다.

❀ **헤이즐넛** 개암나무 열매라고도 불리며, 지방이 60% 이상 함유되어 있어 로스팅했을 때 고소함이 크고 향이 좋은 견과류입니다.

❀ **피스타치오** 풍미가 좋고 아이스크림, 비스퀴, 크림 등에 사용합니다.

❀ **피칸** 호두와 비슷하게 사용되지만 호두보다 좀 더 고소하고 단맛이 있는 것이 특징입니다. 피칸페이스트나 캐러멜화 하여 자주 사용합니다.

❀ **호두** 지방이 많은 견과류로 제과에서는 끓는 물에 3~5분 정도 가볍게 데친 후 로스팅 과정을 거쳐야 껍질의 떫은 맛이나 불순물을 없앨 수 있습니다.

초콜릿

❀ **커버춰 초콜릿** 카카오빈을 가공하여 만든 것으로 천연 카카오버터의 비율이 높은 초콜릿입니다. 주로 반죽 안에 넣어 사용하며, 이 책에서는 발로나와 칼리바우트 제품을 사용했습니다.

❀ **코팅 초콜릿** 카카오매스에서 카카오버터를 제거한 후 식물성유지, 설탕 등을 첨가한 초콜릿입니다. 탬퍼링 작업 없이 실온에서 잘 굳는 특징이 있어 작업 시 용이합니다. 주로 구움과자의 겉면에 초콜릿을 코팅할 때 사용합니다. 컴파운드초콜릿, 파트 아 글라세라고도 부릅니다. 이 책에서는 칼리바우트 코팅 초콜릿을 사용했습니다.

❀ **초코칩** 씹히는 초콜릿의 맛을 더하기 위해 사용합니다. 이 책에서는 칼리바우트 제품을 사용했습니다.

팽창제

❀ **베이킹소다** 탄산수소나트륨으로 구성되어 있는 팽창제입니다. 쿠키 등의 반죽에 주로 사용하며 옆으로 퍼지면서 부푸는 성질이 있습니다. 제품을 알칼리성으로 만들 수 있으므로 산성 성분을 넣어 주어야 특유의 쓴맛을 줄일 수 있습니다.

❀ **베이킹파우더** 탄산수소나트륨에 산성제를 섞고, 밀가루나 전분을 10~30% 첨가한 제품입니다. 탄산수소나트륨과 산성제의 화학적 반응으로 이산화탄소를 발생시키고 반죽을 인위적으로 부풀립니다. 이 책에서는 선인 제품을 사용했습니다.

Tools

기본 도구

베이킹을 시작할 때 갖춰 두면 편리한 도구들을 소개합니다. 한꺼번에 많은 제품을 구비하는 것보다 필요할 때마다 조금씩 늘려가는 것이 좋습니다.

⊗ 거품기 달걀 또는 크림을 휘핑할 때 사용합니다. 거품기의 와이어가 많은 경우에는 촘촘하고 고운 거품을 만들 수 있고, 와이어가 적은 경우에는 저항이 줄어 크림을 휘핑하기에 적합합니다.

⊗ 실리콘주걱 사이즈별로 두 가지 정도 갖추는 것이 좋습니다. 반죽을 섞거나 옮기거나 할 경우에는 큰 실리콘주걱을 사용하고, 계량된 달걀 또는 유제품을 반죽에 넣을 때에는 작은 실리콘주걱을 주로 사용합니다.

⊗ 붓 힘은 있지만 세척에 용이하고 모가 잘 빠지지 않는 제품을 선택하는 것이 좋습니다. 세제를 풀어 둔 물에 담갔다 깨끗하게 세척해 말린 후 사용할 것을 추천합니다. 틀에 버터 칠을 하거나 제품에 시럽을 바를 때 사용합니다.

⊗ 스패출러 크림의 윗면을 정리하거나 틀에서 구움과자를 꺼낼 때 사용합니다. 구움과자에서는 미니 사이즈, 케이크나 큰 타르트를 작업할 때에는 큰 사이즈를 사용하는 것이 좋습니다.

⊗ 스크래퍼 반죽을 매끈하게 펼칠 때, 반죽을 자를 때, 티쿠키를 성형할 때 주로 사용합니다.

⊗ 짤주머니 반죽을 틀에 팬닝할 때 또는 소스나 반죽을 보관할 때 사용합니다. 크기별로 사이즈가 여러 가지 있지만 18인치 짤주머니를 주로 사용합니다.

⊗ 온도계 접촉식 온도계를 주로 사용합니다. 비접촉식 온도계는 온도를 재기에는 용이하지만 정확한 온도를 잴 수 없다는 단점이 있기 때문에 이 책에서는 접촉식 온도계를 사용했습니다.

⊗ 계량저울 1g 단위를 계량해 주는 요리, 베이킹용 저울을 사용합니다. 작업실에서는 5kg 정도를 계량할 수 있는 제품을 사용하고 있습니다. 카페를 운영하거나 대량생산을 자주하는 곳일수록 수용 무게가 높은 것을 선택하는 것이 좋습니다.

⊗ 볼 볼은 사이즈별로 구비하는데 중탕 볼, 반죽 볼 등으로 나누어 사용하면 좋습니다.

⊗ 체 망이 넓고 좁은 것을 모두 구비하되 가루를 체칠 때는 망이 조금 넓은 것, 소스를 매끈하게 정리할 때는 좁은 망의 체를 사용합니다.

⊗ 오븐 팬 종이포일이나 테프론시트 위에 반죽을 팬닝하고 구워 줍니다. 또는 피낭시에, 마들렌 틀 등을 올려 사용합니다.

⊗ 식힘망 구운 과자를 식힐 때 활용합니다.

쿠키

쿠키는 각각의 순서에서 과하게 휘핑하지 않는 것이 중요합니다. 예를 들어, 버터와 설탕을 섞을 때 너무 오래 섞게 되면 버터의 온도가 올라가면서 유지 구조가 변할 수 있습니다. 쿠키 반죽은 육안으로 보았을 때 몽글거리거나 서걱거림이 심하지 않고, 재료들이 순서에 따라 잘 섞여 있는지 상태를 확인한 후에는 섞는 것을 멈추는 것이 좋습니다.

쿠키는 보통 버터 → 설탕 및 소금 → 액체 → 가루 → 부재료 순으로 넣어 만듭니다. 한 단계씩 살펴보면, 버터에 설탕 및 소금을 섞을 때는 한 번에 넣어 주는 것이 좋고 양이 많을 경우에는 2~3회에 걸쳐 나눠 넣습니다. 설탕이 수분에 의해 뭉쳐 있는 경우에는 전자레인지에 10초 정도 돌려 수분을 날려 주는 것도 좋은 방법입니다.

액체재료는 유지 성분에 수분을 다량 섞는 것이므로 한번에 많이 들어가지 않도록 여러 번 나눠 넣는 것이 좋습니다. 랑그드샤의 경우는 달걀 흰자만 들어가므로 수분의 양이 매우 많습니다. 이때는 이전에 넣은 액체가 섞이면 다음 액체재료를 넣는 식으로 여러 번에 걸쳐 나눠 넣는 것이 좋습니다. 액체의 온도가 실온과 비슷하도록 하는 것도 좋은 방법이고, 흰자와 노른자가 함께 들어가는 경우에는 골고루 섞어 반죽에 노른자의 레시틴 성분이 흰자와 잘 섞여 들어갈 수 있도록 합니다.

쿠키는 씹는 맛을 위해 가루재료와 잘 어울리는 견과류 등 부재료들을 많이 넣습니다. 부재료의 양이 가루재료의 30~40% 이상일 때에는 버터 + 설탕 및 소금 + 달걀 반죽에 부재료부터 섞고 이후에 가루재료를 섞는 것이 좋습니다. 가루재료를 먼저 넣고 부재료를 섞을 경우 반죽에 부재료가 골고루 섞이도록 주걱으로 여러 번 반죽을 다루게 됩니다. 이때 글루텐이 형성되면서 쿠키가 원래 의도한 식감보다 더 단단해질 수 있으므로 주의해야 합니다. 재료 배합에서 부재료의 양과 가루재료의 양을 확인한 후 재료 넣는 순서를 결정하는 것이 좋습니다.

스콘

양굽당의 스콘은 파삭하고 속이 촉촉한 것이 특징입니다. 재료를 차갑게 보관하여 반죽의 온도를 낮게 유지하는 것이 가장 중요합니다. 버터의 온도 또는 액체재료의 온도가 높을 경우에는 유지가 녹아 반죽이 질척거릴 뿐만 아니라 스콘의 파삭함을 더하는 결이 유지되기 어렵습니다.

버터의 온도를 낮게 유지하는 방법을 살펴보겠습니다. 스콘의 계량은 크게 가루재료, 버터, 액체재료, 부재료로 나뉩니다. 레시피를 보며 크게 4가지로 나누어 분류하되 가루재료는 하나의 비닐로 계량하고, 버터는 다지기 좋게 큐브 형태로 썰고, 액체재료도 한곳에 계량하여 냉장 보관해 줍니다.

이제 버터와 가루재료를 볼에 넣고 쌀알 크기 정도로 다져 줍니다. 이렇게 반죽했을 때 밀가루 반죽층과 버터층이 베이킹파우더의 힘을 빌려 겹겹이 밀어내는 것으로 파삭한 식감을 완성할 수 있습니다. 버터를 다질 때는 스크래퍼 또는 푸드프로세서를 사용하는데, 만드는 수량이 많을수록 푸드프로세서 사용을 추천합니다. 버터만 넣어 푸드프로세서를 작동하게 되면 모터의 열로 인해 버터가 녹아 다시 뭉쳐질 수 있으므로 가루재료를 일부 넣어 버터를 잘게 다지는 것이 중요합니다.

버터를 잘게 다진 후 액체재료를 넣어 반죽할 때 너무 많은 힘을 가하면 글루텐이 형성되어 반죽이 부풀지 않을 수 있습니다. 또한 손의 열로 인해 유지가 녹아 납작하고 단단하게 나올 수도 있습니다. 반죽이 완성된 후에는 반드시 휴지 시간을 거쳐 수분이 골고루 퍼질 수 있도록 숙성해 주는 것이 좋습니다.

파운드케이크

이 책에서는 바닐라, 에스프레소, 애플 시나몬, 얼그레이, 슈톨렌 맛의 파운드케이크 레시피를 수록했습니다. 파운드케이크는 구운 후 보관 기간이 길고 손쉽게 여러 가지 맛을 표현해 낼 수 있기 때문에 홈베이킹에서는 빠지지 않는 품목인데요. 이 책에서는 주로 버터 → 설탕 → 달걀 → 가루재료 → 부재료 순으로 넣어 반죽한 후 크럼블, 럼에 절인 견과류와 베리류, 조린 사과 등을 사용해 맛을 표현해 보았습니다.

파운드케이크를 만들 때는 단백질 함량이 낮은 박력분을 주로 사용하며, 약 3~4% 정도의 팽창제를 넣어 볼륨감과 폭신함을 더해 주고 있습니다. 버터 1 : 달걀 1 : 설탕 1 : 밀가루 1의 배합에서 출발하기 때문에 액체의 배합이 높은 편입니다. 따라서 유지인 버터와 수분이 많은 액체재료를 섞을 때는 몽글몽글한 순두부처럼 분리가 나기 쉽다는 단점이 있습니다. 실패 확률을 줄이기 위해서는 버터와 액체재료의 온도를 실온 상태로 유지해 주는 것이 좋고, 온도 맞추기가 어렵다면 버터와 달걀을 섞는 중간에 가루재료를 일부 넣어 반죽이 액체를 잘 흡수할 수 있도록 해 주는 것이 좋습니다.

까눌레

까눌레는 프랑스 보르도 지방의 대표 과자로, 전통적으로 종 모양의 동 틀에 밀랍을 얇게 코팅하여 거기에 반죽을 넣고 굽는 구움과자입니다. 이 책에서는 가정이나 매장에서 동 틀의 단점을 보완하기 위해 일반 철 틀에 녹인 버터를 발라 완성도 높게 굽는 방법을 소개하고 있습니다.

까눌레는 달걀, 우유, 밀가루, 버터, 설탕, 럼이 주재료이고, 거품기와 볼만 있으면 바로 반죽할 수 있는 비교적 쉬운 구움과자입니다. 하지만

데워 사용하는 우유의 온도가 너무 높거나 낮을 때, 반죽하는 과정에서 글루텐이 형성되었을 때, 버터 칠이 과할 때 등 다양한 변수가 존재합니다.

우유의 온도는 50~60℃로 맞추어 설탕이 골고루 녹을 수 있게 하고, 반죽을 매끈하게 섞은 후에는 더 이상 섞지 않는 것이 좋습니다. 또한 완성된 반죽을 밀착 랩핑하여 냉장에서 최소 8시간 최대 48시간 이하로 숙성해야 안정적으로 구울 수 있습니다.

까눌레 틀은 미니 사이즈부터 크기별로 다양합니다. 어떤 틀을 사용하든 틀의 75~80% 정도만 반죽을 채워야 흘러 넘치거나 너무 단단하게 구워지는 것을 방지할 수 있습니다.

피낭시에 & 다쿠아즈

피낭시에는 아몬드케이크에서 출발한 구움과자입니다. 금융가 앞의 베이커리에서 금괴 모양으로 만들어 팔게 되면서 지금의 '피낭시에'라는 이름이 붙여지게 되었습니다. 피낭시에는 2가지만 주의하면 큰 문제없이 구울 수 있습니다.

첫 번째, 질 좋은 버터를 짙은 갈색이 날 때까지 잘 끓여 줍니다. 이렇게 끓이면 버터의 수분이 날아가면서 처음에는 기포도 크고 타닥거리는 소리도 많이 납니다. 그러다 점점 기포가 촘촘해지고 잔잔한 거품이 형성되면서 짙은 갈색을 띠게 되는데, 이때 단백질 성분이 형성되어 고소한 향을 내게 됩니다. 이 향이 헤이즐넛향과 비슷하다고 해서 헤이즐넛 버터라고도 하고, 프랑스어로는 뵈르 누아제트라고 부르는데요. 마치 탄 것 같은 색을 띤다고 해서 '버터를 태운다'라고도 표현합니다. 이때 버터를 완성도 있게 끓여주지 못하면 다 구운 후에도 느끼한 향과 눅진한 식감을 갖게 되고, 구움색도 제대로 나오지 않습니다.

두 번째, 끓인 버터를 반죽에 넣을 때는 온도가 40~60℃ 사이여야 합니다. 버터의 온도가 낮을 경우에는 수분감 높은 반죽과 유화되기 어렵고, 온도가 높을 경우에는 반죽의 표면이 익어버릴 수 있습니다. 흰자의 응고 온도를 고려하여 반죽과 잘 유화할 수 있도록 하는 것이 좋으며, 반죽이 과하게 섞여 버터 온도가 다시 내려가거나 분리되지 않도록 적절히 섞어 주는 것이 중요합니다.

다쿠아즈는 흰자와 아몬드가루를 이용해 겉은 바삭 속은 폭신하고 고소한 구움과자입니다. 다양한 가루와 크림을 사용하여 여러 가지 맛을 표현할 수 있다는 장점이 있습니다. 공정의 첫 부분은 달걀 흰자와 설탕으로 머랭을 만드는 것입니다. 이때 흰자가 공기를 머금어 부피가 충분히 커졌을 때 설탕을 3회에 걸쳐 나눠 넣고 머랭을 만드는 것이 중요합니다. 흰자는 수분이 많지만 물과 다르게 단백질 성분에 의해 표면장력이 생기지 않습니다. 때문에 포집한 공기가 꺼지지 않고 볼륨감 있게 유지할 수 있습니다. 이렇게 촘촘히 올려놓은 머랭이 꺼지지 않도록 하기 위해서는 가루재료를 섞을 때 과하게 섞거나 휘핑하지 않아야 합니다. 머랭이 꺼지지 않게

반죽을 떠올리듯 섞어 주는 것이 중요하고, 혹시 머랭을 너무 과하게 올렸을 때는 가루재료를 섞기 전에 머랭을 주걱으로 조금 꺼트린 후 섞는 것이 좋습니다. 마지막에 슈거파우더나 분당을 뿌려 겉을 바삭하게 만들어 주는 것도 맛있는 식감에 도움이 됩니다.

그 외 구움과자

양굽당의 시그니처인 티케이크들은 클래스나 판매를 할 때도 많은 사랑을 받는 품목입니다. 같은 반죽이라도 좀 더 보기 좋고 조화로운 맛을 느낄 수 있도록 만드는 것이 포인트입니다.

티케이크를 만들 때에는 반죽을 구성하는 재료, 이와 어울리는 가나슈 또는 코팅재료, 포인트를 주는 인서트 등이 모두 튀거나 묻히지 않게 잘 어우러지도록 하는 것이 좋습니다.

마들렌은 녹인 버터의 온도와 휴지 시간을 잘 지키는 것이 포인트입니다. 또한 마지막 반죽 과정에서 좀 더 휘핑함으로써 글루텐을 잡아 마들

렌의 표면에 힘을 실어주는 것도 중요합니다. 이는 반죽 온도가 미세하게 차이 나도 반죽이 무너지지 않게 하는 데 도움을 줍니다.

파블로바는 러시아 무용수 안나 파블로바가 호주를 방문했을 때 그녀를 환영하는 의미로 만든 디저트입니다. 머랭을 단단히 올리고 과일 또는 크림을 올려 화려하게 장식합니다. 머랭이 단단하지 않을 경우에는 굽는 과정에서 모양이 무너지거나 물이 생길 수 있고, 원하는 모양으로 팬닝하기가 어렵습니다. 단단한 머랭과 부드러운 크림, 신선한 과일이 한입에 어우러지도록 하는 것이 좋습니다.

바나나 푸딩은 부드럽고 깊은 맛의 크림이 포인트입니다. 수분을 잘 호화시킨 크렘 파티시에르를 휘핑한 크림과 섞어 깊은 풍미와 단맛을 느낄 수 있도록 하는 것이 좋습니다. 크렘 파티시에르는 '파티셰가 사랑하는 크림'이라 불릴 정도로 인기가 좋을 뿐만 아니라 여러 가지 크림에 사용되는 크림이기도 합니다. 다른 과일로 변형해도 좋지만 수분감이 많은 과일은 크림을 빨리 상하게 하고 식감이 좋지 않으므로 수분감 없고 무른 과일로 만드는 것이 좋습니다.

보관 방법이나 기간을 지키는 것은 구움과자를 가장 맛있게 즐길 수 있는 방법입니다.
다음의 내용을 참조해 보다 맛있는 구움과자를 만나보세요.

쿠키

반죽 상태 냉동 15일
구운 후 실온 3일

스콘

반죽 상태 냉장 2일
구운 후 실온 2일

파운드케이크&마들렌

반죽 상태 냉장 2일
크림 유무에 따라
구운 후 실온 4일, 냉동 7일

까눌레

반죽 상태 냉장 3일
구운 후 실온 3일

피낭시에

반죽 상태 냉장 4일, 냉동 7일
구운 후 실온 2일

다쿠아즈

반죽 만든 직후 사용
크림 유무에 따라 구운 후
실온 2일, 냉장 또는 냉동 3일

티케이크

반죽 상태 냉장 2일
크림 유무에 따라
구운 후 실온 3일, 냉동 5일

파블로바

반죽 만든 직후 사용
구운 후 실온 10일
(방습제 필수)

바나나 푸딩

냉장 3일

Chapter 1

쿠키

첫 번째로 소개할 구움과자는 쿠키입니다. 쿠키는 같은 재료로도 배합
또는 온도, 섞는 정도에 따라 식감과 맛을 다양하게 구현할 수 있습니
다. 주로 버터, 달걀, 밀가루, 향을 내는 가루재료, 견과류와 같이 씹는
맛을 줄 수 있는 다양한 부재료, 초콜릿 등을 활용해 만듭니다. 이 책에
서는 매장에서 판매하기 좋은 크림이 올라간 쿠키와 택배, 케이터링으
로 활용하기 좋은 수분이 적은 다양한 쿠키 레시피들을 담았습니다.

갈레트 브루통

프랑스 브르타뉴 지방의 향토과자로 갈레프 브르똔느로도 불립니다. 짙은 버터향이 매력적인 구움과자로, 향이 풍부하고 질 좋은 버터를 사용하는 것이 좋습니다. 파삭한 식감과 한입 베어 물면 입안 가득 퍼지는 버터향은 시간이 지날수록 숙성되어 더 좋은 맛을 냅니다. 양굽당에서도 갈레트 브루통은 다양한 맛으로 구움과자 세트의 한 자리를 차지하고 있습니다.

| 도구

볼, 핸드믹서, 실리콘주걱, 종이포일(테프론시트), 10mm 각봉, 밀대, 55mm 원형 쿠키 커터, 금박 갈레트 컵, 붓, 포크, 오븐 팬, 식힘망

| 재료

약 8개 분량

반죽
버터 75g
슈거파우더 40g
노른자 13g
소금 1g
박력분 77g
아몬드가루 8g
베이킹파우더 1g

달걀물
노른자 1개
커피에센스 5g

토핑
게랑드소금 약간

| 준비 작업

: 모든 재료는 실온에 꺼내 준비합니다.

: 노른자와 커피에센스는 섞어서 준비합니다.

: 오븐 팬에 종이포일 또는 테프론시트를 깔아 준비합니다.

: 오븐은 185℃로 15분 이상 예열해 줍니다.

반죽 만들기 &
마무리

1 볼에 버터를 넣고 핸드믹서로 크림 질감이 될 때까지 풀어 줍니다.

2 슈거파우더와 소금을 넣고 실리콘주걱 또는 핸드믹서로 섞어 줍니다.

3 노른자를 넣고 골고루 섞어 줍니다.

4 가루재료를 모두 넣고 자르듯이 섞어 줍니다.

5 4의 반죽이 한 덩어리로 뭉쳐지면 종이포일 사이에 넣어 줍니다.

6 양쪽에 각봉을 놓고 밀대로 평평하게 밀어 줍니다. 평평해진 반죽을 냉장실 또는 냉동실에 넣어 반죽이 차갑고 단단해질 때까지 휴지합니다.

7 6의 반죽을 원형 쿠키 커터로 찍어 금박 갈레트 컵에 담아 줍니다.

8 노른자와 커피에센스를 섞은 후 붓으로 발라 줍니다.

　⟡ 한번 가볍게 펴 바른 후 한번 더 발라 주면 구웠을 때 색이 더욱 선명하게 나옵니다.

9 포크로 무늬를 내 준 다음 게랑드소금을 살짝 뿌려 줍니다. 오븐에서 165℃로 23분간 구운 후 식힘망으로 옮겨 식혀 마무리합니다.

보관 방법 반죽은 냉동 보관 시 최대 2주까지 보관 가능하며, 구운 후에는 실온에서 3일, 냉동 보관 시에는 5일 이내 섭취하길 권합니다.

초콜릿
갈레트 브루통

진한 초콜릿 맛의 갈레트 브루통입니다. 코코아파우더는 발로나 제품을 사용했으며, 버터는 엘르앤비르의 고메버터를 사용해 버터와 초콜릿의 맛을 조화롭게 구성했습니다.

| 도구

볼, 핸드믹서, 실리콘주걱, 종이포일(테프론시트), 10mm 각봉, 밀대, 55mm 원형 쿠키 커터, 금박 갈레트 컵, 붓, 포크, 오븐 팬, 식힘망

| 재료

약 8개 분량

반죽
버터 75g
슈거파우더 40g
노른자 12g
소금 1g
박력분 62g
코코아파우더 9g
아몬드가루 8g
베이킹파우더 1g

달걀물
노른자 1개
커피에센스 7g

토핑
게랑드소금 약간

| 준비 작업

: 모든 재료는 실온에 꺼내 준비합니다.

: 노른자와 커피에센스는 섞어서 준비합니다.

: 오븐 팬에 종이포일 또는 테프론시트를 깔아 준비합니다.

: 오븐은 185℃로 15분 이상 예열해 줍니다.

반죽 만들기 &
마무리

1   볼에 버터를 넣고 핸드믹서로 크림 질감이 될 때까지 풀어 줍니다.

2   슈거파우더와 소금을 넣고 핸드믹서 또는 실리콘주걱으로 섞어 줍니다.

3   노른자를 넣고 골고루 섞어 줍니다.

4   가루재료를 모두 넣고 자르듯이 섞어 줍니다.

5 4의 반죽이 한 덩어리로 뭉쳐지면 종이포일 사이에 넣어 줍니다.

6 양쪽에 각봉을 놓고 밀대로 평평하게 밀어 줍니다. 평평해진 반죽을 냉장
실 또는 냉동실에 넣어 반죽이 차갑고 단단해질 때까지 휴지합니다.

7 반죽을 원형 쿠키 커터로 찍어 금박 갈레트 컵에 담아 줍니다. 노른자와 커
피에센스를 섞어 바른 후 포크로 무늬를 내고, 게랑드소금을 뿌려 줍니다.
오븐에서 165℃로 23분간 구운 후 식힘망으로 옮겨 마무리합니다.

♤ 한번 가볍게 펴 바른 후 한번 더 발라 주면 구웠을 때 색이 더욱 선명하게 나옵니다.

보관 방법 반죽은 냉동 보관 시 최대 2주까지 보관 가능하며, 구운 후에는 실온에서 3일, 냉동 보관
시에는 5일 이내 섭취하길 권합니다.

캐러멜
갈레트 브루통

캐러멜소스를 높은 온도에서 끓여 은은한 쌉싸래함을 더하는 것이 중요
합니다. 마지막 단계에 게랑드소금을 소량 뿌려 줌으로써 버터향과 어우
러진 기분 좋은 단맛과 짠맛이 조화로운 구움과자입니다.

| 도구

냄비, 볼, 핸드믹서, 실리콘주걱, 종이포일(테프론시트), 10mm 각봉, 밀
대, 55mm 원형 쿠키 커터, 금박 갈레트 컵, 붓, 포크, 오븐 팬, 식힘망

| 재료
약 8개 분량

반죽		캐러멜소스	
버터 75g		설탕 100g	
슈거파우더 40g		생크림 100g	
노른자 12g			
소금 1g		**달걀물**	노른자 1개
박력분 62g			캐러멜소스 10g
아몬드가루 8g			
베이킹파우더 1g		**토핑**	게랑드소금 약간
캐러멜소스 15g			

| 준비 작업

: 모든 재료는 실온에 꺼내 준비합니다.

: 노른자와 캐러멜소스는 섞어서 준비합니다.

: 오븐 팬에 종이포일 또는 테프론시트를 깔아 준비합니다.

: 오븐은 185℃로 15분 이상 예열해 줍니다.

캐러멜소스 만들기

1   생크림은 전자레인지에 따뜻하게(50~90℃) 데워 준비하고, 냄비에 설탕을 넣고 캐러멜 색이 나올 때까지 끓여 줍니다.

2   1의 설탕이 짙은 갈색이 되면 데운 생크림을 조금씩 넣으면서 저어 줍니다. 100℃가 넘을 때까지 충분히 끓인 후 불을 끄고 식혀 사용합니다.

<table>
<tr><td>반죽 만들기 &
마무리</td><td>1</td><td>볼에 버터를 넣고 핸드믹서로 크림 질감이 될 때까지 풀어 줍니다.</td></tr>
<tr><td></td><td>2</td><td>슈거파우더와 소금을 넣고 실리콘주걱 또는 핸드믹서로 섞어 줍니다.</td></tr>
<tr><td></td><td>3</td><td>노른자를 넣고 골고루 섞어 줍니다.</td></tr>
</table>

4   가루재료를 모두 넣고 자르듯이 섞어 줍니다.

5   미리 만들어 둔 캐러멜소스를 넣고 반죽색이 균일해질 때까지 섞어 줍니다.

     ♻ 섞을 때 핸드믹서의 반죽 날을 사용하면 고르게 반죽할 수 있습니다.

6   5의 반죽이 한 덩어리로 뭉쳐지면 종이포일 사이에 넣어 줍니다.

7   양쪽에 각봉을 놓고 밀대로 평평하게 밀어 줍니다. 평평해진 반죽은 냉장실 또는 냉동실에 넣어 반죽이 차갑고 단단해질 때까지 휴지합니다.

8   7의 반죽을 원형 쿠키 커터로 찍어 금박 갈레트 컵에 담아 줍니다.

9   노른자와 캐러멜소스를 섞어 붓으로 발라 줍니다.

     ⌂ 한번 가볍게 펴 바른 후 한번 더 발라 주면 구웠을 때 색이 더욱 선명하게 나옵니다.

10   포크로 무늬를 내 줍니다.

11   게랑드소금을 살짝 뿌린 후 오븐에서 165℃로 23분간 굽고 식힘망으로 옮겨 마무리합니다.

보관 방법 반죽은 냉동 보관 시 최대 2주까지 보관 가능하며, 구운 후에는 실온에서 3일, 냉동 보관 시에는 5일 이내 섭취하길 권합니다.

바닐라 사블레

바닐라향이 가득한 사블레 쿠키입니다. 바닐라향을 익스트랙이나 페이스트로 대체할 수도 있지만 티쿠키의 특성상 바닐라와 버터향을 가득 느끼게 되므로 질 좋은 버터와 바닐라빈을 사용하는 것이 좋습니다.

| 도구

볼, 핸드믹서, 실리콘주걱, 체, 종이포일(테프론시트), 스크래퍼, 타공 매트, 식힘망

| 재료
약 100개 분량

반죽 버터 200g
설탕 100g
노른자 48g
바닐라빈 1개
바닐라설탕 20g
박력분 320g

토핑 비정제설탕 100g
백설탕 100g

| 준비 작업

: 버터와 노른자는 실온에 미리 준비합니다.

: 바닐라빈은 132쪽을 참고해 미리 손질해 준비합니다.

: 오븐은 190℃로 15분 이상 예열해 줍니다.

**반죽 만들기 &
마무리**

1 볼에 버터를 넣고 핸드믹서로 크림 질감이 될 때까지 풀어 줍니다.

2 설탕을 모두 넣고 핸드믹서로 섞어 줍니다.

3 노른자와 바닐라빈을 한번에 넣고 골고루 섞어 줍니다.

4 3에 나머지 가루재료를 체 쳐 넣고 실리콘주걱으로 자르듯이 섞거나
핸드믹서로 섞어 줍니다.

5 반죽을 손바닥으로 빠르게 밀어 펴 매끈하게 만들어 줍니다.

6 5를 원통 모양으로 만든 후 종이포일로 감싸줍니다.

7   6의 반죽을 1시간 이상 냉동하여 단단하게 만듭니다.

8   냉동실에서 꺼낸 반죽을 실온에 두어 자를 수 있을 정도로만 해동합니다.

9   비정제설탕과 백설탕을 묻혀 일정한 크기(1.3~1.5cm)로 잘라 줍니다.

10   9를 타공 매트 위에 올려 오븐에서 170℃로 25분간 구운 후 식힘망으로 옮겨 마무리합니다.

보관 방법 반죽은 냉동 보관 시 최대 2주까지 보관 가능하며, 구운 후에는 실온에서 3일 이내 혹은 냉동 보관 후 섭취하길 권합니다.

말차 사블레

제주 말차를 사용하여 고소하면서도 은은한 말차의 향을 느낄 수 있는 말차 사블레입니다. 말차가루의 종류에 따라 맛에 차이가 있을 수 있으므로, 13쪽의 말차가루 설명을 참고해 주세요.

| 도구

볼, 핸드믹서, 실리콘주걱, 체, 종이포일(테프론시트), 스크래퍼, 타공 팬 또는 오븐 팬, 식힘망

| 재료

약 100개 분량

반죽　버터 200g
　　　설탕 120g
　　　노른자 48g
　　　박력분 300g
　　　말차가루 27g

토핑　비정제설탕 100g
　　　백설탕 100g

| 준비 작업

: 버터와 노른자는 실온에 미리 준비합니다.

: 타공 팬 또는 오븐 팬에 종이포일 또는 테프론시트를 깔아 준비합니다.

: 오븐은 190℃로 15분 이상 예열해 줍니다.

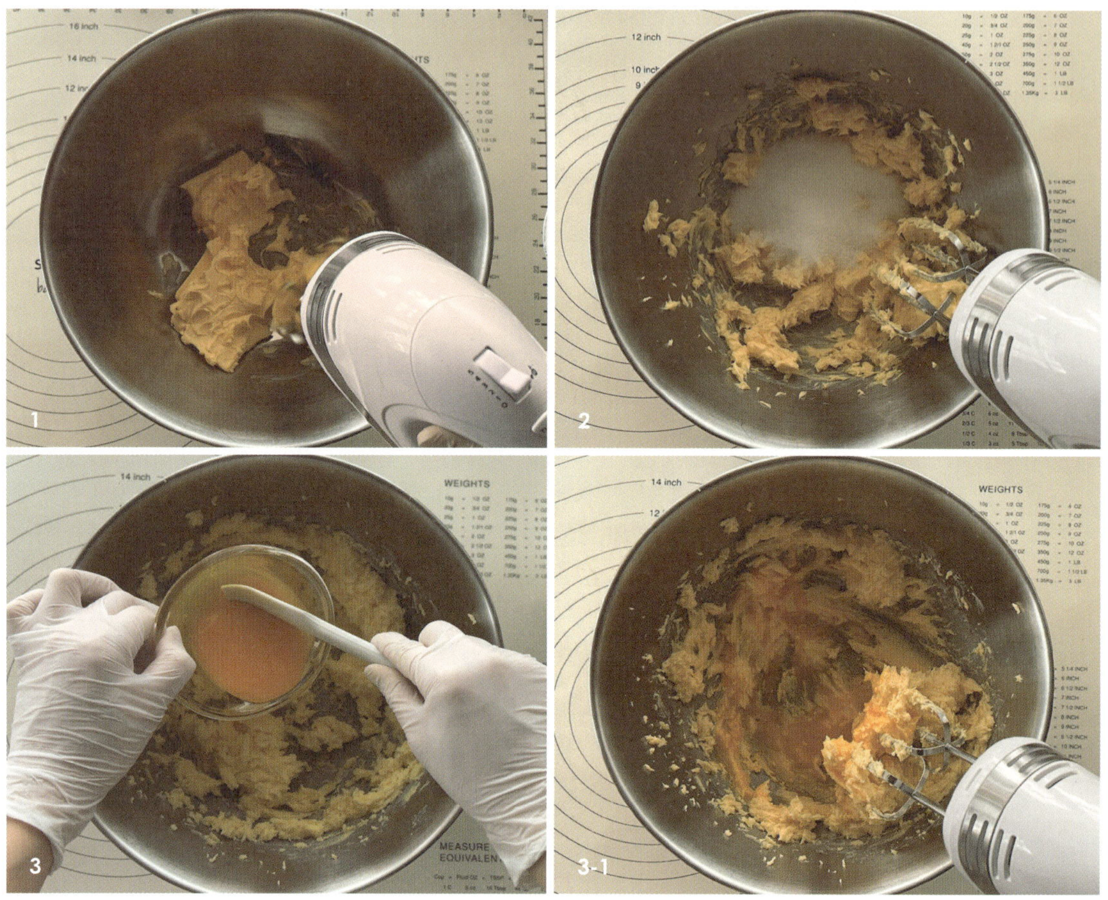

**반죽 만들기 &
마무리**

1   볼에 버터를 넣고 핸드믹서로 크림 질감이 될 때까지 풀어 줍니다.

2   설탕을 모두 넣고 핸드믹서로 섞어 줍니다.

3   노른자를 한번에 넣고 골고루 섞어 줍니다.

4   3에 나머지 가루재료를 체 쳐 넣고 실리콘주걱으로 자르듯이 섞거나 핸드믹서로 섞어 줍니다.

5   반죽을 손바닥으로 빠르게 밀어 펴 매끈하게 만들어 줍니다.

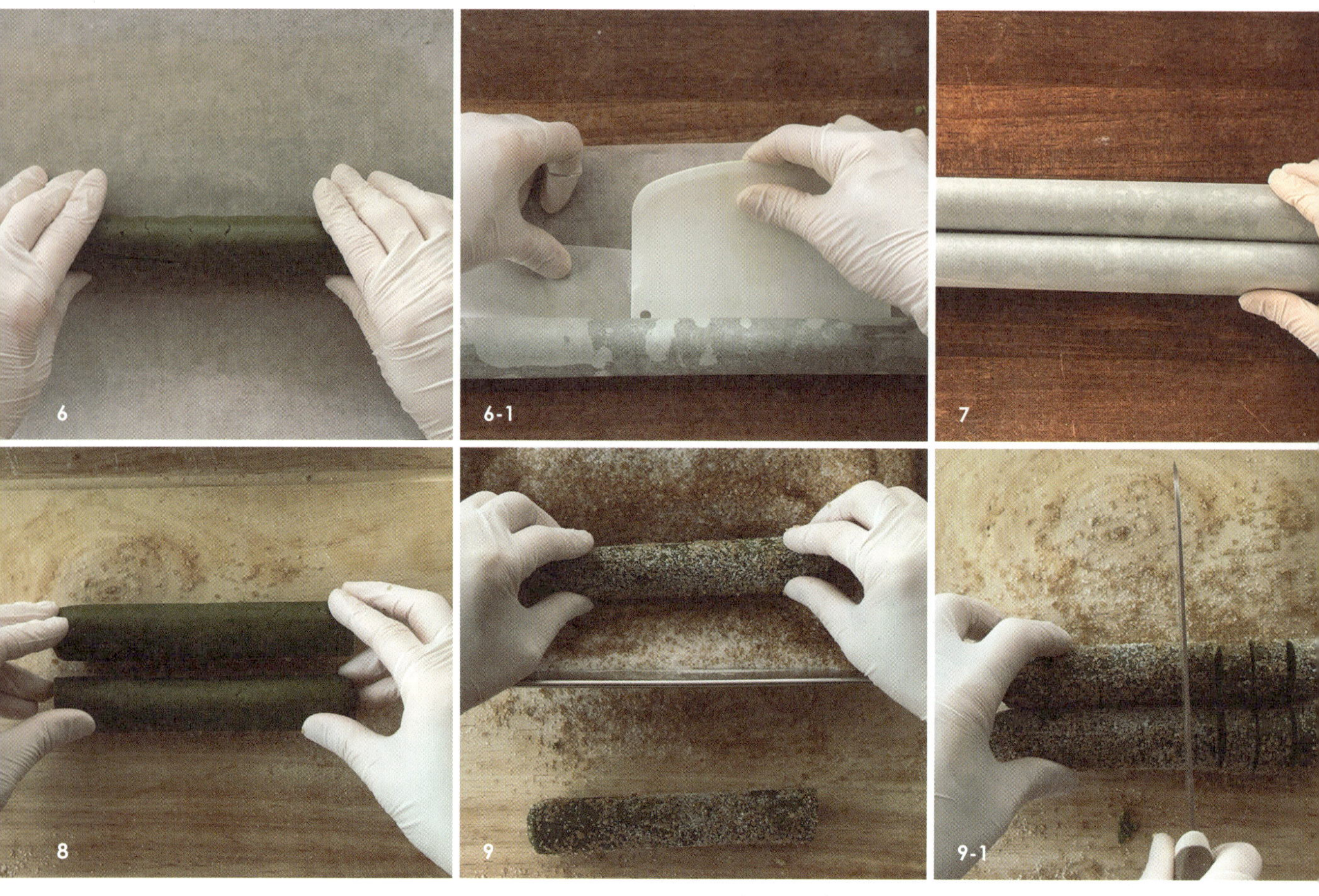

6   반죽을 3~4등분으로 분할한 후 원통 모양으로 만들어 종이포일로 감싸
    줍니다.

7   6의 반죽을 1시간 이상 냉동하여 단단하게 만듭니다.

8   냉동실에서 꺼낸 반죽을 실온에 두어 자를 수 있을 정도로만 해동합니다.

9   비정제설탕과 백설탕을 묻혀 일정한 크기(1.3~1.5cm)로 잘라 줍니다.

10 종이포일 깔아 준비한 타공 팬 또는 오븐 팬 위에 9의 반죽을 올리고 오
    븐에서 170℃로 25분간 구운 후 식힘망으로 옮겨 마무리합니다.

10

10-1

보관 방법 반죽은 냉동 보관 시 최대 2주까지 보관 가능하며, 구운 후에는 실온에서 3일 이내 혹은 냉동 보관 후 섭취하길 권합니다.

흑임자 사블레

이번에는 검은깨를 사용해 사블레를 만들어 보았습니다. 바닐라, 말차와는 다른 전통적인 향의 구수함을 느낄 수 있는 사블레로, 명절에 자주 먹는 검은깨 강정을 떠올리며 만들어 보세요.

| 도구

볼, 핸드믹서, 실리콘주걱, 체, 종이포일(테프론시트), 스크래퍼, 타공 팬 또는 오븐 팬, 식힘망

| 재료

약 100개 분량

반죽
버터 200g
설탕 120g
노른자 48g
박력분 300g
흑임자가루 30g

토핑
비정제설탕 100g
백설탕 100g

| 준비 작업

: 버터와 노른자는 실온에 미리 준비합니다.

: 타공 팬 또는 오븐 팬에 종이포일 또는 테프론시트를 깔아 준비합니다.

: 오븐은 190℃로 15분 이상 예열해 줍니다.

**반죽 만들기 &
마무리**

1 볼에 버터를 넣고 핸드믹서로 크림 질감이 될 때까지 풀어 줍니다.

2 설탕을 모두 넣고 핸드믹서로 섞어 줍니다.

3 노른자를 한번에 넣고 골고루 섞어 줍니다.

4   3에 나머지 가루재료를 체 쳐 넣고 실리콘주걱으로 자르듯이 섞거나 핸드
       믹서로 섞어 줍니다.

5   반죽을 손바닥으로 빠르게 밀어 펴 매끈하게 만들어 줍니다.

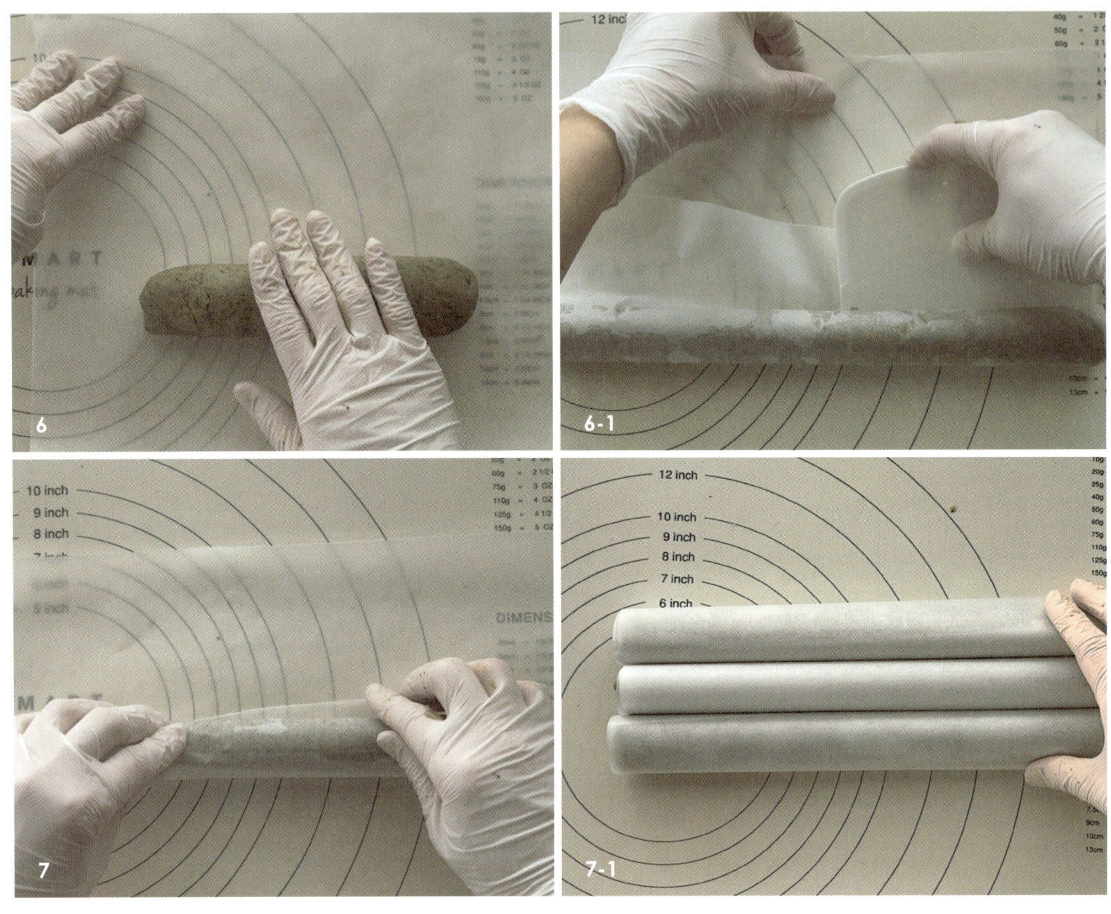

6   반죽을 3~4등분으로 분할한 후 원통 모양으로 만들어 종이포일로 감싸
줍니다.

7   6의 반죽을 1시간 이상 냉동하여 단단하게 만듭니다. 냉동실에서 꺼낸
반죽은 실온에 두어 자를 수 있을 정도로만 해동합니다.

8　　비정제설탕과 백설탕을 묻혀 일정한 크기(1.3~1.5cm)로 잘라 줍니다.

9　　종이포일 깔아 준비한 타공 팬 또는 오븐 팬 위에 8의 반죽을 올리고 오븐에
　　　서 170℃로 25분간 구운 후 식힘망으로 옮겨 마무리합니다.

보관 방법　반죽은 냉동 보관 시 최대 2주까지 보관 가능하며, 구운 후에는 실온에서 3일 이내 혹은
냉동 보관 후 섭취하길 권합니다.

버터 쿠키

프랑스 발효버터를 넣어 부드러운 식감을 더한 버터 쿠키입니다. 커피나 차와 함께 즐기기에 더없이 좋은 구움과자입니다.

| 도구

볼, 핸드믹서, 실리콘주걱, 체, 짤주머니, 별 모양 깍지(847번), 종이포일 (테프론시트), 타공 팬 또는 오븐 팬, 식힘망

| 재료

약 20개 분량(크기에 따라 상이)

반죽 버터 150g
슈거파우더 65g
소금1g
흰자 40g
노른자 10g
박력분 182g

토핑 다크코팅 초콜릿 적당량

| 준비 작업

: 버터와 흰자, 노른자는 실온에 꺼내 미리 준비합니다.

: 다크코팅 초콜릿은 전자레인지에 녹여 준비합니다.

: 타공 팬 또는 오븐 팬에 종이포일 또는 테프론시트를 깔아 준비합니다.

: 오븐은 180℃로 15분 이상 예열해 줍니다.

<table>
<tr><td>반죽 만들기 &
마무리</td><td>1</td><td>볼에 버터를 넣고 핸드믹서 또는 실리콘주걱으로 크림 질감이 될 때까지
풀어 줍니다.</td></tr>
</table>

반죽 만들기 & 마무리

1 볼에 버터를 넣고 핸드믹서 또는 실리콘주걱으로 크림 질감이 될 때까지 풀어 줍니다.

2 슈거파우더와 소금을 모두 넣고 핸드믹서 또는 실리콘주걱으로 섞어 줍니다.

3 흰자와 노른자를 한번에 넣고 골고루 섞어 줍니다.

4 3에 나머지 가루재료를 체 쳐 넣고 실리콘주걱으로 자르듯이 섞거나 핸드믹시로 섞어 줍니다.

5 반죽을 별 모양 깍지를 끼운 짤주머니에 담고 종이포일을 깔아 준비한 타공 팬 또는 오븐 팬 위에 짜 줍니다.

6 오븐에서 160℃로 25분간 구운 후 식힘망으로 옮겨 식혀 줍니다.

7 6의 쿠키에 녹여서 준비한 다크코팅 초콜릿을 취향껏 묻혀 완성합니다.

보관 방법 반죽은 냉동 보관 시 최대 2주까지 보관 가능하며, 구운 후에는 실온에서 3일 이내 혹은 냉동 보관 후 섭취하길 권합니다.

클래식 르뱅 쿠키

뉴욕 르뱅 베이커리의 쿠키가 우리나라에서도 한창 유행한 적이 있었습니다. 초콜릿과 호두가 들어가 많은 사람이 좋아하는 기본 쿠키입니다.

| 도구

볼, 핸드믹서, 실리콘주걱, 체, 종이포일(테프론시트), 오븐 팬, 식힘망

| 재료
약 15개 분량

반죽

버터 150g
황설탕 110g
백설탕 25g
소금 2g
전란 70g
바닐라익스트랙 2g
강력분 120g

박력분 152g
옥수수전분 4g
베이킹소다 2g
베이킹파우더 2g
초콜릿칩(시판용) 200g
호두 78g

| 준비 작업

: 버터와 전란은 실온에 꺼내 미리 준비합니다.

: 호두는 끓는 물에 데친 후 체에 밭쳐 물기를 빼고 오븐에서 170℃로 10분간 구워 준비합니다.

: 오븐 팬에 종이포일 또는 테프론시트를 깔아 준비합니다.

: 오븐은 195℃로 15분 이상 예열해 줍니다.

**반죽 만들기 &
마무리**

1 볼에 버터를 넣고 핸드믹서 또는 실리콘주걱으로 크림 질감이 될 때까지 풀어 줍니다.

2 설탕(황설탕＋백설탕)과 소금을 2회에 걸쳐 나눠 넣으며 핸드믹서로 섞어 줍니다.

3 바닐라익스트랙을 넣어 계량한 전란을 3회에 걸쳐 나눠 넣으며 핸드믹서로 잘 섞어 줍니다.

4 초콜릿칩과 호두를 넣고 실리콘주걱으로 자르듯이 섞어 줍니다.

5   4에 나머지 가루재료를 체 쳐 넣고 실리콘주걱으로 자르듯이 섞은 후 냉장
에서 반죽이 차가워질 정도로만 휴지합니다.

6   5의 반죽을 50~70g 크기로 성형한 후 종이포일을 깔아 준비한 오븐 팬 위
에 올려 오븐에서 175℃로 15분간 구워 줍니다. 쿠키의 크기에 따라 굽는
시간은 조정합니다. 구운 후에는 식힘망으로 옮겨 완전히 식힌 후 마무리
합니다.

보관 방법 반죽은 냉동 보관 시 최대 2주까지 보관 가능하며, 구운 후에는 실온에서 3일 이내 혹은
냉동 보관 후 섭취하길 권합니다.

통밀 쿠키

유기농 통밀가루와 비정제설탕, 두유를 넣어 담백한 맛을 살린 쿠키입니다. 퍼짐이 최소화된 쿠키로 다양한 쿠키 커터를 사용해 쿠키를 만들어 볼 수 있습니다.

| 도구

볼, 핸드믹서, 실리콘주걱, 종이포일(테프론시트), 3mm 각봉, 밀대, 사각 쿠키 커터, 타공 매트, 식힘망

| 재료

약 80개 분량
(크기에 따라 상이)

반죽

통밀가루 330g	마스코바도(황설탕) 85g
박력분 47g	소금 2g
베이킹파우더 2g	우유 65g
버터 150g	두유 15g

| 준비 작업

: 버터는 사방 1cm의 주사위 크기로 잘라 냉장 보관해 주세요.

: 가루재료는 한꺼번에 계량해 준비하세요.

: 오븐은 180℃로 15분 이상 예열해 줍니다.

<table>
<tr><td>반죽 만들기 &
마무리</td><td>

1 볼에 버터를 넣고 핸드믹서 또는 실리콘주걱으로 크림 질감이 될 때까지 풀어 줍니다.

2 마스코바도와 소금을 넣고 핸드믹서로 섞어 줍니다.

3 우유와 두유를 넣고 골고루 섞어 줍니다.

4 3에 나머지 가루재료를 체 쳐 넣고 실리콘주걱으로 자르듯이 섞어 한 덩어리로 만들어 줍니다.

5 반죽을 손바닥으로 빠르게 밀어 펴 매끈하게 만들어 줍니다.

6 5의 반죽을 한 덩어리로 뭉쳐 종이포일 사이에 넣어 줍니다. 그런 다음 양쪽에 각봉을 놓고 밀대로 평평하게 밀어 줍니다.

7 사각 쿠키 커터로 모양을 찍어 타공 매트 위에 올려 줍니다.

　⬠ 앞뒤로 타공 매트의 격자무늬를 내고 싶을 때에는 위에도 타공 매트를 올려 구워 줍니다.

8 오븐에서 160℃로 15분간 구운 후 식힘망으로 옮겨 마무리합니다.

</td></tr>
</table>

보관 방법 반죽은 냉동 보관 시 최대 2주까지 보관 가능하며, 구운 후에는 실온에서 3일 이내, 냉동에서는 10일 정도 보관 가능합니다.

캐러멜
버터샌드 쿠키

바삭한 쿠키 사이에 캐러멜소스와 버터 조각을 샌드하여 만드는 캐러멜
버터샌드 쿠키입니다.

| 도구

볼, 냄비, 실리콘주걱, 지퍼백, 푸드프로세서, 종이포일(테프론시트),
3mm 각봉, 밀대, 사각 쿠키 커터, 타공 매트, 식힘망

| 재료

약 25개 분량

반죽	버터 100g	**캐러멜**	설탕 200g
	설탕 75g	**소스**	생크림 200g
	박력분 180g		
	아몬드가루 20g	**필링**	버터 50g
	노른자 40g		
	흰자 12g	**토핑**	구운 소금 약간
	소금 한 꼬집		

| 준비 작업

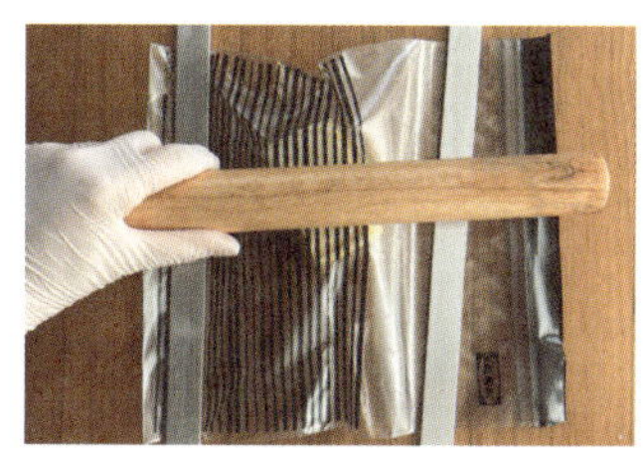

: 버터는 사방 1cm의 주사위 크기로 잘라 냉장 보관해 주세요.

: 가루재료는 한꺼번에 계량해 준비하고, 액체재료도 한번에 계량해 둡
  니다.

: 캐러멜소스는 38쪽을 참고해 미리 만들어 차갑게 식혀 둡니다.

: 필링 버터는 지퍼백에 버터를 넣고 3mm 두께로 밀어 펴 준비합니다.

: 오븐은 185℃로 15분 이상 예열해 줍니다.

**반죽 만들기 &
마무리**

1 볼에 차갑게 준비한 버터와 가루재료를 모두 넣고 푸드프로세서로 버터가 잘게 잘라질 때까지 갈아 줍니다.

2 액체재료를 모두 넣고 실리콘주걱으로 잘 섞어 줍니다.

3 2의 반죽을 한 덩어리로 뭉쳐 줍니다.

4 반죽을 손바닥으로 빠르게 밀어 펴 매끈하게 만들어 줍니다.

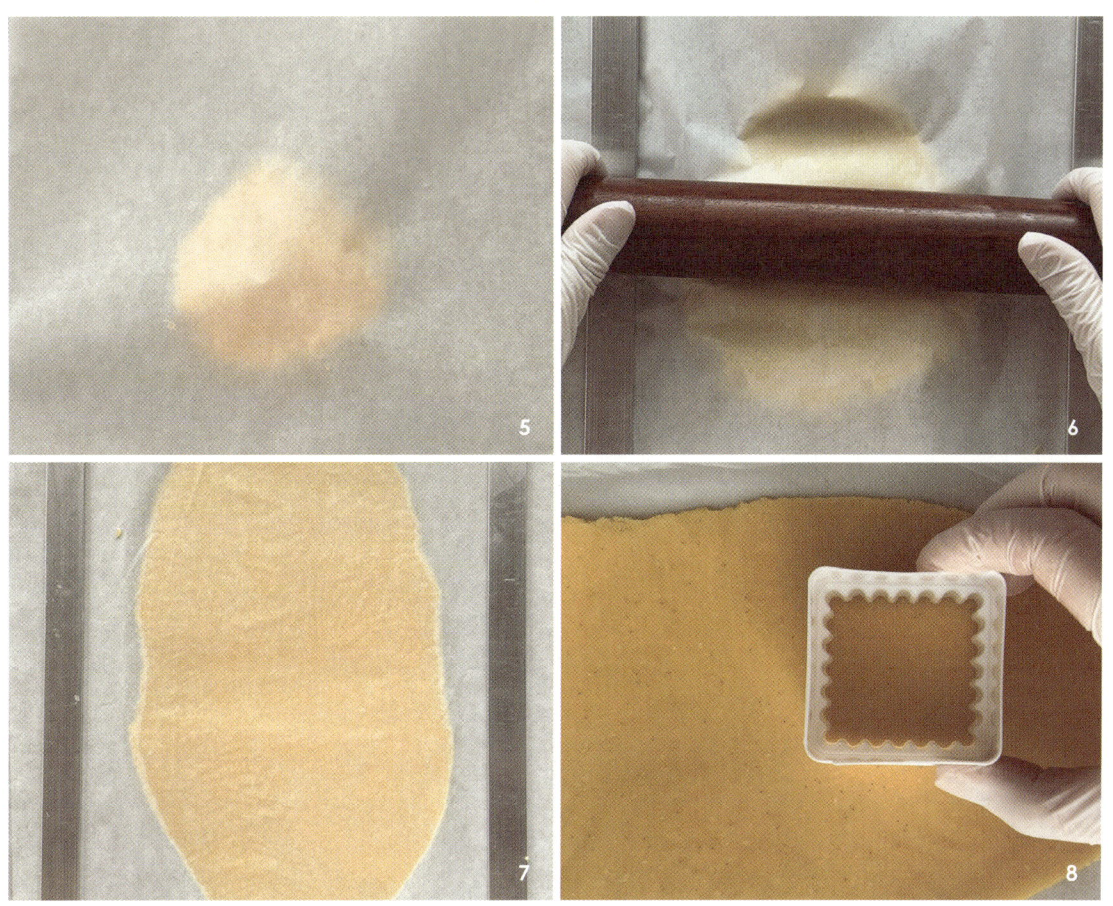

5   4의 반죽을 한 덩어리로 뭉쳐 종이포일 사이에 넣어 줍니다.

6   양쪽에 각봉을 놓고 밀대로 평평하게 밀어 줍니다.

7   6의 반죽을 그대로 냉동실에 넣어 적당한 굳기가 될 때까지 휴지합니다.

8   냉동실에 넣어 둔 반죽을 꺼내 사각 쿠키 커터로 찍어 모양을 냅니다.

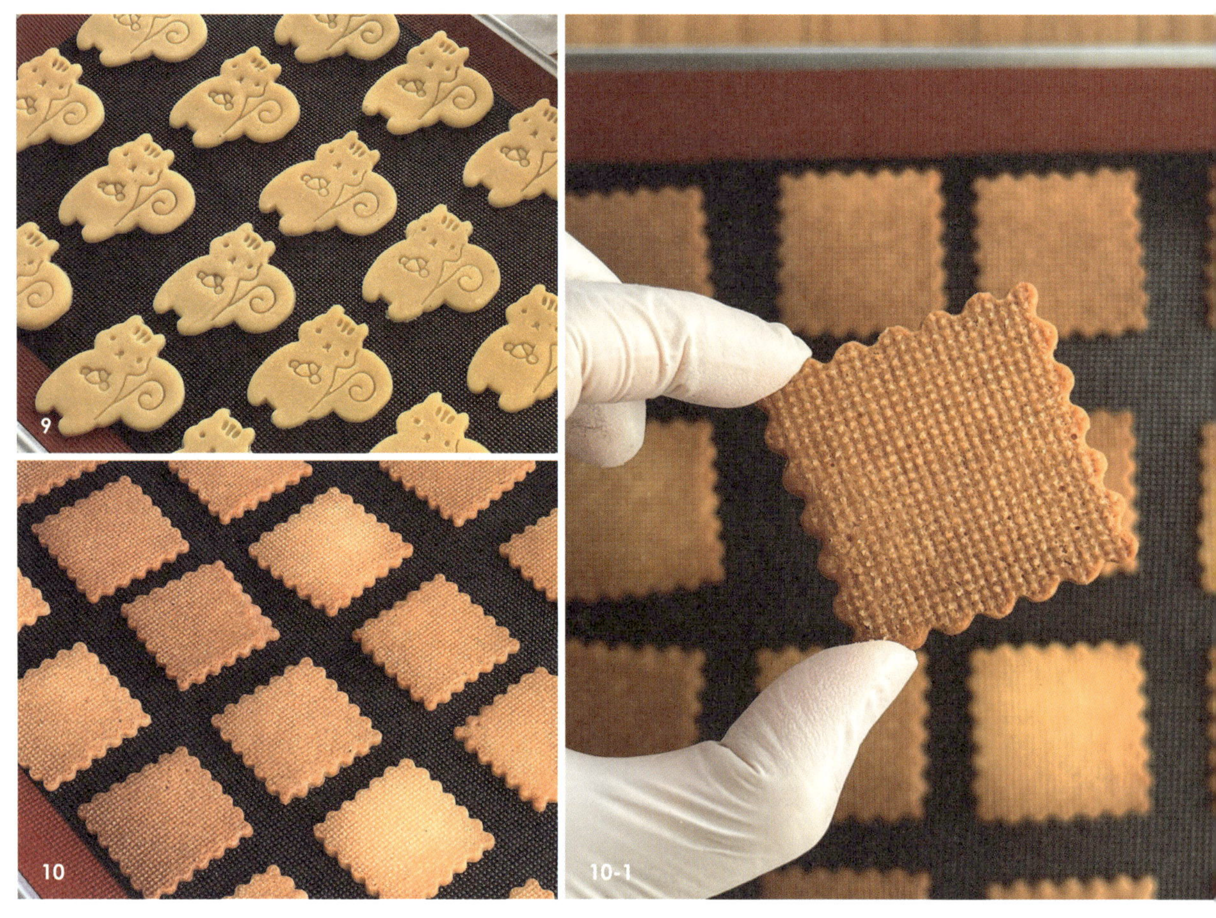

9   사각 모양 외에 취향에 따라 다양한 쿠키 커터를 활용해 모양을 낼 수 있습니다.

10   타공 매트 위에 반죽을 올리고 오븐에서 165℃로 14분간 구워 줍니다.

11 구운 쿠키 위에 미리 만들어 둔 캐러멜소스를 짜 올린 후 사각 쿠키 커터로 찍어 모양을 낸 필링 버터를 올려 줍니다.

⟡ 굽는 동안 쿠키가 수축될 수 있으므로, 필링 버터는 쿠키보다 한 사이즈 작은 쿠키 커터를 사용하는 것이 좋습니다.

12 캐러멜소스를 짜 올리고 구운 소금을 약간 뿌려 줍니다.

13 12 위에 구운 쿠키를 올려 마무리합니다. 버터가 녹을 수 있으니 차갑게 보관해 주세요.

보관 방법 반죽은 냉동 보관 시 최대 1개월 정도 보관 가능하며, 구운 후에는 실온에서 7일, 냉동에서는 10일까지 보관 가능합니다.

티라미수 쿠키

부드러운 티라미수를 쿠키화한 품목입니다. 커피향이 나는 쿠키 시트에
마스카르포네치즈를 더한 티라미수 쿠키입니다.

| 도구

볼, 핸드믹서, 실리콘주걱, 체, 종이포일(테프론시트), 짤주머니, 붓, 오븐 팬, 식힘망

| 재료

약 6개 분량

반죽
버터 110g
황설탕 40g
백설탕 47g
달걀 50g
중력분 150g
커피가루 2g
베이킹파우더 1g
베이킹소다 1g

티라미수 크림
마스카르포네치즈 220g
생크림 10g
연유 68g
깔루아 5g

토핑
에스프레소 15g
데코스노우 약간
코코아파우더 약간

| 준비 작업

: 버터와 달걀은 실온 상태로 미리 준비합니다.

: 마스카르포네치즈와 생크림, 연유는 차갑게 준비합니다.

: 오븐 팬에 종이포일 또는 테프론시트를 깔아 준비합니다.

: 오븐은 195℃로 15분 이상 예열해 줍니다.

**티라미수 크림
만들기**

1 볼에 차갑게 준비한 마스카르포네치즈, 생크림, 연유를 넣고 핸드믹서로 섞어 줍니다.

2 깔루아를 넣고 실리콘주걱으로 가볍게 섞어 마무리한 후 짤주머니에 담아 사용 전까지 냉장 보관해 줍니다.

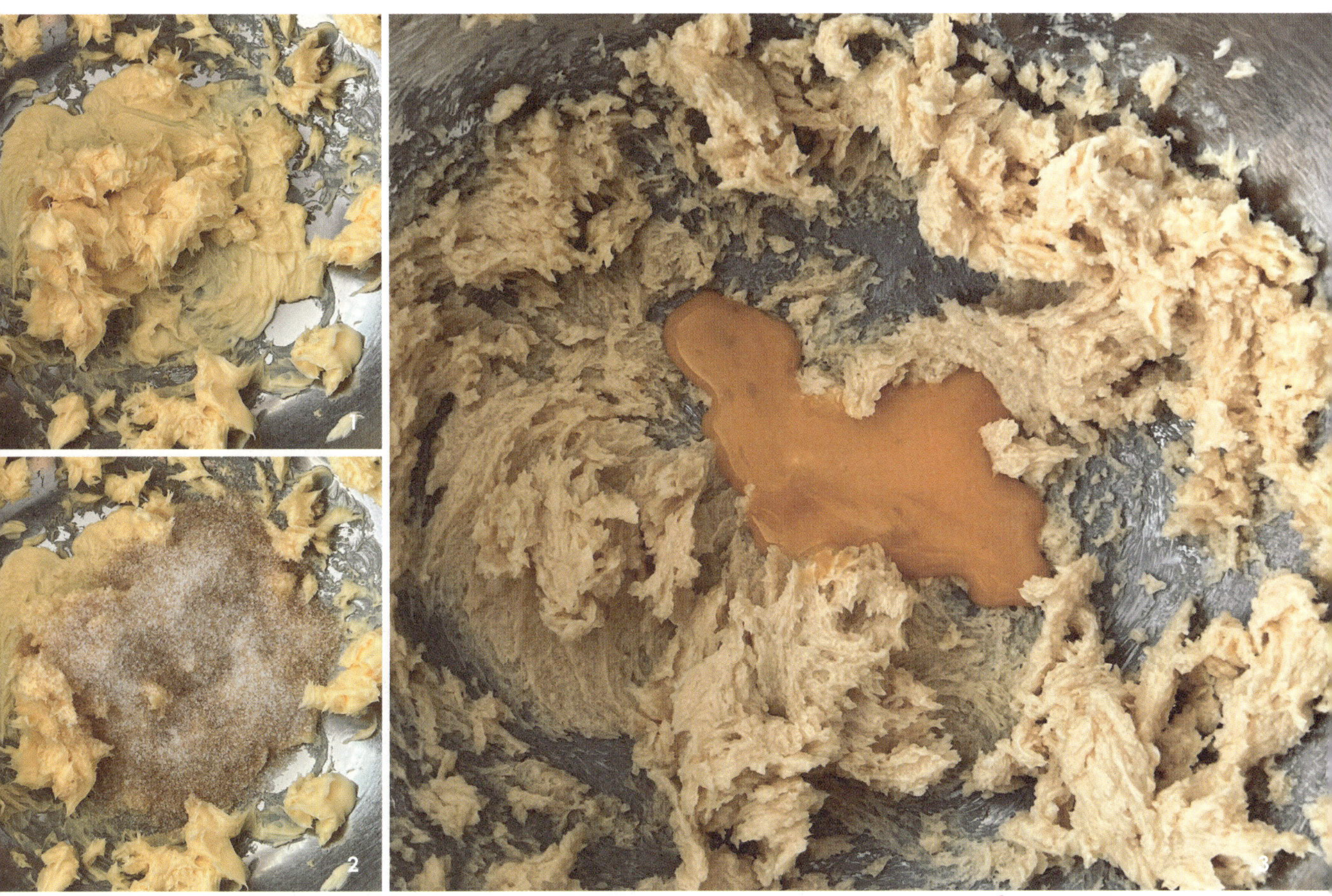

**반죽 만들기 &
마무리**

1 볼에 버터를 넣고 핸드믹서 또는 실리콘주걱으로 크림 질감이 될 때까지
  풀어 줍니다.

2 설탕(황설탕+백설탕)과 소금을 2회에 걸쳐 나눠 넣으며 골고루 섞어 줍니다.

3 달걀을 3회에 걸쳐 나눠 넣으며 핸드믹서로 섞어 줍니다.

4   3에 나머지 가루재료를 체 쳐 넣고 실리콘주걱으로 자르듯이 섞은 후 냉장실에 넣어 반죽이 차가워질 정도로 휴지합니다.

5   반죽을 50~70g 크기로 성형해 종이포일을 깔아 준비한 오븐 팬 위에 올린 후 오븐에서 175℃로 15분간 구워 줍니다. 쿠키의 크기에 따라 시간을 조정해 줍니다.

6   구운 쿠키는 식힘망에서 완전히 식힌 후 붓으로 에스프레소를 발라 줍니다.

7   짤주머니에 준비해 둔 티라미수 크림을 담아 쿠키 위에 짜 줍니다.

8   데코스노우를 올리고 코코아파우더를 뿌려 마무리합니다.

Chef's Tip   •   마무리 단계에서 데코스노우를 뿌리지 않고 코코아파우더를 올릴 경우 수분 때문에 코코아 파우더가 눅눅해집니다. 파우더 느낌을 좀 더 살리고자 할 경우 데코스노우 위에 코코아파 우더를 뿌리거나 데코 코코아파우더를 뿌려 마무리합니다.

보관 방법 반죽은 냉동 보관 시 최대 2주 정도 보관 가능하며, 구운 후에는 냉장 보관 시 3일 정도 보관 가능합니다.

랑그드샤

'고양이의 혀'라는 뜻을 담고 있는 랑그드샤(Langue de Chat)는 얇고 바삭하게 부서지는 식감과 쫀득한 초콜릿 필링이 매력적인 구움과자입니다.

| 도구

볼, 핸드믹서, 실리콘주걱, 체, 종이포일(테프론시트), 랑그드샤 틀, 짤주머니, 오븐 팬, 식힘망

| 재료

약 24개 분량

반죽
버터 56g
슈거파우더 48g
소금 1g
흰자 56g
바닐라익스트랙 1g
박력분 56g

초콜릿 필링
화이트커버춰 초콜릿 적당량

| 준비 작업

: 버터와 흰자는 실온 상태로 미리 준비합니다.

: 오븐 팬에 종이포일 또는 테프론시트를 깔아 준비합니다.

: 오븐은 160℃로 15분 이상 예열해 줍니다.

초콜릿 필링 만들기

1   화이트커버춰 초콜릿을 잘게 부숴 볼에 넣고 전자레인지 또는 중탕으로 45℃가 될 때까지 녹여 줍니다.

2   1을 26℃로 낮춘 후 다시 28~29℃로 올려 줍니다.

3   랑그드샤 틀에 부어 펼쳐 줍니다. 굳을 때까지 기다린 후 떼어 내 사용합니다.

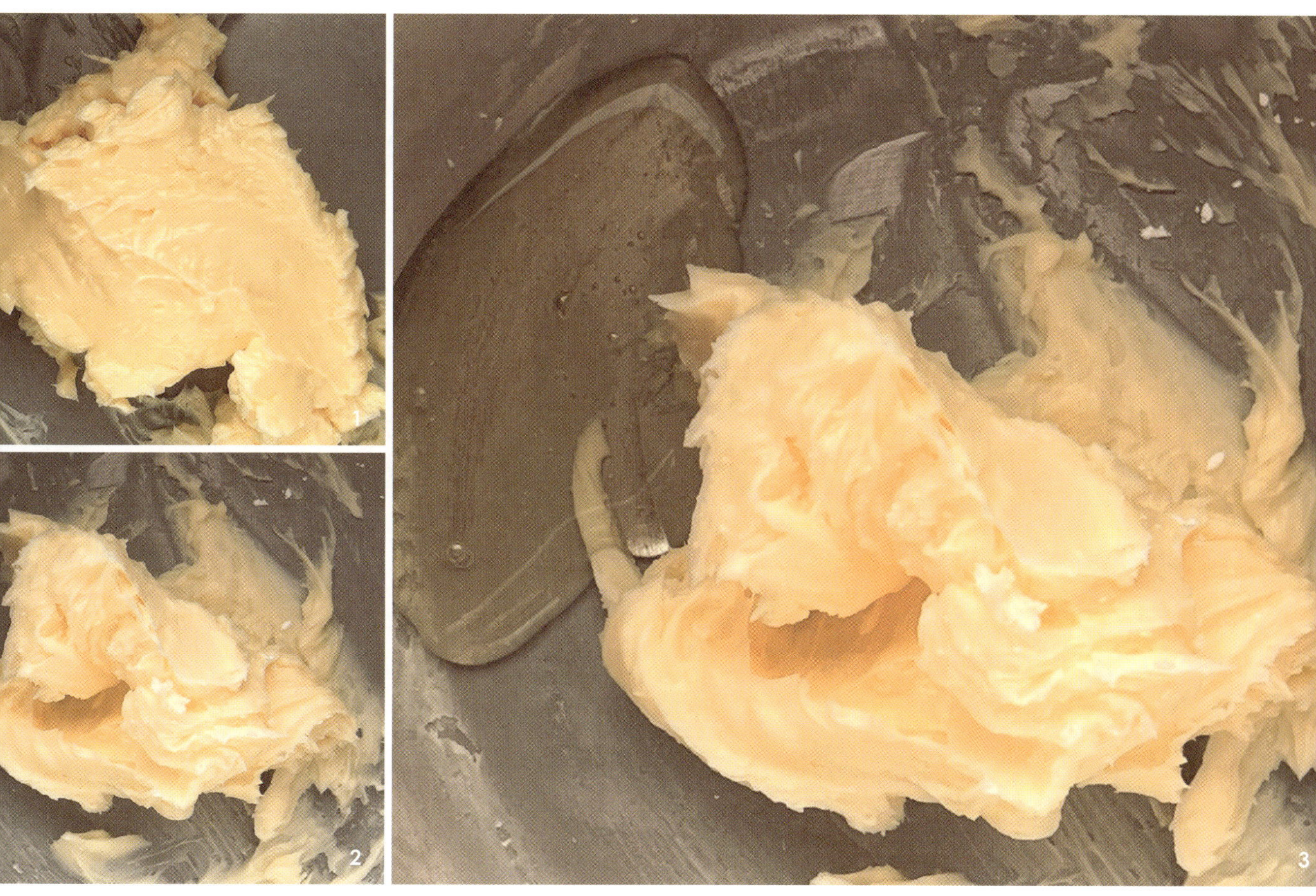

반죽 만들기 &
마무리

1   볼에 버터를 넣고 핸드믹서 또는 실리콘주걱으로 크림 질감이 될 때까지
    풀어 줍니다.

2   슈거파우더와 소금을 모두 넣고 핸드믹서로 섞어 줍니다.

3   바닐라익스트랙을 넣어 계량한 흰자를 여러 번에 걸쳐 나눠 넣고 골고루
    섞어 줍니다.

4   3에 나머지 가루재료를 체 쳐 넣고 실리콘주걱으로 자르듯이 섞거나 핸드믹서로 섞어 줍니다.

5   종이포일(테프론시트) 위에 랑그드샤 틀을 올리고 틀에 맞게 반죽을 펼쳐 준 후 잠시 냉장 상태로 휴지합니다.

6　5를 꺼내 오븐에서 140℃로 10분간 구운 후 완전히 식혀 줍니다.

7　쿠키를 뒤집어 녹인 초콜릿(초콜릿 필링의 일부)을 짜 넣고 쿠키 사이에
　　초콜릿 필링을 샌드해 완성합니다.

보관 방법 반죽은 냉장 보관 시 2일 정도 보관 가능하며, 구운 후에는 실온에서 3일 이내 혹은 냉동
보관 후 섭취하길 권합니다.

Chapter 2

스콘

라탄 바구니 안에 한가득 들어있는 묵직한 스콘 위에 직접 만든 잼을 올려 먹는 오후의 에프터눈티를 상상합니다. 생각만으로도 여유롭고 달콤한 시간이에요. 가루를 체 치고 버터와 유지방 액체를 섞어 휘리릭 만들 수 있는 스콘. 볼 하나로도 간단하게 완성할 수 있는 간편한 베이킹이지만 곁들이는 재료에 따라 계절의 맛이 될 수도 있고 든든한 한끼 식사가 될 수도 있습니다.

생크림
베리 스콘

생크림 베리 스콘은 책을 펼쳤을 때 가장 부담이 없이 간단하게 만들어 맛볼 수 있는 레시피로 구성하였습니다. 차근차근 따라 해 보면서 베이킹에 자신감을 가졌으면 좋겠어요.

| 도구

볼, 체, 실리콘주걱, 밀대, 붓, 종이포일(테프론시트), 오븐 팬, 식힘망

| 재료
약 8개 분량

반죽
강력분 200g
베이킹파우더 3g
설탕 47g
소금 2g
생크림 200g
크랜베리 70g

토핑
전란 20g
비정제설탕 적당량
과일 잼 적당량

| 준비 작업

: 가루재료는 모두 한 볼에 계량 후 체 쳐서 준비합니다. 차갑게 보관하는 것이 좋으므로 미리 계량할 경우 냉동실에 보관하는 것이 좋습니다.

: 액체재료는 반죽에 넣기 직전까지 냉장고에 넣어 차갑게 보관해 주세요.

: 오븐 팬에 종이포일 또는 테프론시트를 깔아 준비합니다.

: 오븐은 195℃로 15분 이상 예열해 줍니다.

**반죽 만들기 &
마무리**

1 볼에 가루재료를 모두 넣고 혼합해 줍니다.

2 차가운 생크림을 넣고 실리콘주걱으로 골고루 섞어 줍니다.

3 크랜베리를 넣어 줍니다. 기호에 따라 다른 베리류나 견과류를 넣어도
좋습니다.

4 반죽을 둥글고 납작하게 만들어 냉장실에서 최소 30분(최대 3일) 정도
휴지합니다.

5   4의 반죽을 밀대로 눌러 높이를 맞추고 74g씩 8개의 조각으로 잘라 줍니다.

⚙ 반죽의 높이가 균일한 것이 좋습니다. 자를 때 칼날과 바닥이 직각이 되도록 해서 잘라야 구웠을 때 한쪽 방향으로 무너지지 않습니다.

6   붓으로 전란액을 바르고 비정제설탕을 뿌린 후 오븐에서 175℃로 25분간 구워 줍니다. 오븐에서 꺼낸 스콘을 식힘망으로 옮겨 완전히 식힌 후에는 그냥 먹어도 좋지만 스콘 위에 과일 잼 등을 올려 색다르게 즐길 수도 있습니다.

보관 방법 반죽은 냉장 보관 시 최대 48~72시간, 냉동 보관 시에는 5일 이내로 보관 가능합니다. 구운 후에는 실온에서 2일 이내, 냉동했을 경우 실온에서 해동하여 섭취할 것을 추천합니다.

고흥
유자 스콘

고흥 유자 스콘은 시트러스류를 좋아하는 사람들에게 추천하는 구움과
자입니다. 고흥 유자와 상큼한 레몬껍질을 활용해 자연스러우면서도 은
은한 시트러스향을 가미하였고, 유자청의 달콤함과 설탕에 절인 유자필
을 넣어 만든 스콘입니다.

| 도구

볼, 체, 스크래퍼 또는 푸드프로세서, 실리콘주걱, 종이포일(테프론시
트), 붓, 아이스크림 스쿱, 오븐 팬, 식힘망

| 재료
약 8개 분량

반죽
박력분 200g
베이킹파우더 7g
설탕 45g
소금 2g
버터 100g
생크림 70g
우유 32g
레몬제스트 10g
유자제스트 20g
유자청 70g

**유자
크림**
크림치즈 300g
유자청(액체만) 99g
연유 42g
생크림 220g

토핑
전란 20g
비정제설탕 적당량
허브 잎 약간

| 준비 작업

: 가루재료는 모두 한 볼에 계량 후 체 쳐서 준비합니다. 차갑게 보관하
  는 것이 좋으므로 미리 계량할 경우 냉동실에 보관하는 것이 좋습니다.

: 액체재료는 반죽에 넣기 직전까지 냉장고에 넣어 차갑게 보관해 주세요.

: 버터는 사방 1cm의 주사위 크기로 잘라 계량 후 냉장 보관해 주세요.

: 오븐 팬에 종이포일 또는 테프론시트를 깔아 준비합니다.

: 오븐은 195℃로 15분 이상 예열해 줍니다.

유자 크림 만들기

1 볼에 크림치즈, 유자청, 연유를 넣고 핸드믹서로 풀어 줍니다.

2 생크림을 5회에 걸쳐 나눠 넣으며 휘핑해 줍니다.

**반죽 만들기 &
마무리**

1 볼에 가루재료와 버터를 모두 넣고 버터를 코팅하는 느낌으로 가볍게 섞어 줍니다.

2 스크래퍼를 이용해 버터가 팥알 크기가 될 때까지 잘게 다져 주세요. 이때 스크래퍼 대신 푸드프로세서를 사용해도 좋습니다. 푸드프로세서 사용 시 가루 일부와 버터를 함께 넣어야 버터가 뭉치는 것을 방지할 수 있습니다.

3 액체재료와 유자 및 레몬제스트를 넣고 실리콘주걱으로 골고루 자르듯이 섞어 줍니다. 취향에 따라 유자청 70g을 추가해도 좋습니다.

4 반죽을 한 덩어리로 뭉친 후 냉장실에서 30분~1시간 정도 휴지합니다.

5 4의 반죽을 80g으로 나눠 자른 후 둥글게 성형합니다.

6 붓으로 전란액을 바르고 비정제설탕을 뿌린 후 오븐에서 175℃로 25분간 구워 줍니다. 오븐에서 꺼낸 스콘을 식힘망으로 옮겨 완전히 식힌 후 유자 크림과 허브로 장식해 마무리합니다.

보관 방법 반죽은 냉장 보관 시 최대 48~72시간, 냉동 보관 시에는 5일 이내로 보관 가능합니다. 구운 후에는 실온에서 2일 이내, 냉동했을 경우 실온에서 해동하여 섭취할 것을 추천합니다.

쪽파 크림치즈
스콘

쪽파 크림치즈는 베이글의 풍미를 더해 주는 재료로 출발해 많은 사랑을 받고 있습니다. 구운 쪽파향의 인위적이지 않은 달콤함에 크림치즈의 깔 끔함을 더했습니다.

| 도구

볼, 체, 스크래퍼 또는 푸드프로세서, 실리콘주걱, 종이포일(테프론시트), 붓, 오븐 팬, 식힘망, 아이스크림 스쿱

| 재료

약 8개 분량

반죽	박력분 200g
	베이킹파우더 7g
	설탕 45g
	소금 2g
	버터 100g
	생크림 80g
	우유 30g
	구운 쪽파 67g
	체다치즈 1장

쪽파 크림치즈	크림치즈 150g
	슈거파우더 40g
	꿀 15g
	쪽파 7g

토핑	전란 20g
	자른 부추 30g

| 준비 작업

: 가루재료는 모두 한 볼에 계량 후 체 쳐서 준비합니다. 차갑게 보관하는 것이 좋으므로 미리 계량할 경우 냉동실에 보관하는 것이 좋습니다.

: 액체재료는 반죽에 넣기 직전까지 냉장고에 넣어 차갑게 보관해 주세요.

: 버터는 사방 1cm의 주사위 크기로 잘라 계량 후 냉장 보관해 주세요.

: 실리콘주걱을 사용하여 쪽파크림치즈 재료들을 모두 섞어줍니다.

: 오븐 팬에 종이포일 또는 테프론시트를 깔아 준비합니다.

: 오븐은 195℃로 15분 이상 예열해 줍니다.

쪽파 크림치즈 만들기

1 볼에 크림치즈와 슈거파우더를 넣고 실리콘주걱으로 섞은 후 꿀, 쪽파를 넣고 섞어 줍니다.

반죽 만들기 & 마무리

1 볼에 가루재료와 버터를 모두 넣고 버터를 코팅하는 느낌으로 가볍게 섞어 줍니다.

2 스크래퍼를 이용해 버터가 팥알 크기가 될 때까지 잘게 다져 주세요. 이 때 스크래퍼 대신 푸드프로세서를 사용해도 좋습니다. 푸드프로세서 사용 시 가루 일부와 버터를 함께 넣어야 버터가 뭉치는 것을 방지할 수 있습니다.

3 액체재료를 모두 넣고 실리콘주걱으로 자르듯이 골고루 섞어 주세요

4 구운 쪽파와 체다치즈를 잘게 찢어 넣고 섞어 주세요.

5 반죽을 한 덩어리로 뭉친 후 냉장실에서 30분~1시간 정도 휴지합니다.

6 5의 반죽을 80g으로 나눠 자른 후 둥글게 성형합니다.

7 붓으로 전란액을 바르고 오븐에서 175℃로 25분간 구워 줍니다.

8 구운 스콘은 식힘망으로 옮겨 완전히 식힌 후 쪽파 크림치즈와 자른 부추를 올려 마무리합니다.

보관 방법 반죽은 냉장 보관 시 최대 48~72시간, 냉동 보관 시에는 5일 이내로 보관 가능합니다. 구운 후에는 냉장 보관 후 섭취할 것을 추천합니다.

바질 포테이토
스콘

햇감자는 쩌서 먹기만 해도 고소한 단맛이 올라옵니다. 이 감자를 잘 만든 바질페스토에 볶아 바질 포테이토 스콘으로 만들어 보았어요. 수프, 샐러드와 함께 내면 근사한 브런치 메뉴가 된답니다.

| 도구

냄비, 볼, 체, 실리콘주걱, 스크래퍼 또는 푸드프로세서, 붓, 종이포일(테프론시트), 오븐 팬, 식힘망

| 재료
약 8개 분량

| 반죽 | 박력분 210g |
| 베이킹파우더 7g |
| 설탕 45g |
| 소금 3g |
| 버터 100g |
| 생크림 56g |
| 달걀 13g |
| 모차렐라치즈 25g |

| 바질 포테이토 | 감자 133g |
| 버터 16g |
| 설탕 10g |
| 바질페스토 15g |

| 토핑 | 전란 20g |
| 체다치즈 8장 |
| 그라나파다노치즈 약간 |
| 허브 잎 약간 |

| 준비 작업

: 가루재료는 모두 한 볼에 계량 후 체 쳐서 준비합니다. 차갑게 보관하는 것이 좋으므로 미리 계량할 경우 냉동실에 보관하는 것이 좋습니다.

: 액체재료는 반죽에 넣기 직전까지 냉장고에 넣어 차갑게 보관해 주세요.

: 버터는 사방 1cm의 주사위 크기로 잘라 계량 후 냉장 보관해 주세요.

: 오븐 팬에 종이포일 또는 테프론시트를 깔아 준비합니다.

: 오븐은 195℃로 15분 이상 예열해 줍니다.

바질 포테이토 만들기

1   감자는 깍둑썰기로 작게 썰어 준비합니다.

2   버터를 녹인 냄비에 감자를 넣고 저어 가며 볶아 줍니다.

3   감자가 익을 때쯤 바질페스토와 설탕을 넣고 볶아 줍니다.

4   감자가 완전히 익으면 다른 볼로 옮겨 잠시 식혀 줍니다.

**반죽 만들기 &
마무리**

1   볼에 버터와 가루재료를 모두 넣고 섞어 줍니다.

2   스크래퍼 또는 푸드프로세서를 이용해 버터가 팥알 크기가 될 때까지 잘게
     다져 준 후 액체재료를 모두 넣고 실리콘주걱으로 자르듯이 골고루 섞어
     줍니다.

3   준비해 둔 바질 포테이토와 모차렐라치즈를 넣고 섞어 줍니다.

4   3의 반죽을 한 덩어리로 뭉친 후 냉장실에서 30분~1시간 정도 휴지합
     니다. 휴지한 반죽을 80g으로 나눠 자른 후 둥글게 성형합니다.

5   붓으로 전란액을 바르고 오븐에서 175℃로 25분간 구워 줍니다.

6   오븐에서 꺼내 잠시 식힌 스콘 위에 체다치즈 한 장을 올려 줍니다. 구
     운 스콘을 식힘망으로 옮겨 완전히 식힌 후 그라나파다노치즈와 허브
     잎을 올려 마무리합니다.

Chef's Tip ─────────● 바질 포테이토를 만들 때 버터와 설탕을 함께 넣고 볶을 경우 감자가 익기 전에 겉이 탈
                         수 있습니다. 바질페스토도 감자가 익기 전에 넣을 경우 표면이 탈 수 있으니 주의해야
                         합니다.

보관 방법 반죽은 냉장 보관 시 최대 48~72시간, 냉동 보관 시에는 5일 이내로 보관 가능합니
다. 구운 후에는 냉장 보관 후 섭취할 것을 추천합니다.

통밀 두유 스콘

구수한 통밀과 영양가 높은 두유, 로스팅된 헤이즐넛을 넣어 만든 고소하고 맛있는 스콘입니다. 영양만점이라 식사 대용으로도 낼 수 있도록 구성해 봤습니다.

| 도구

볼, 체, 스크래퍼 또는 푸드프로세서, 실리콘주걱, 종이포일(테프론시트), 붓, 오븐 팬, 식힘망

| 재료

약 8개 분량

반죽
박력분 100g
통밀가루 100g
베이킹파우더 7g
설탕 50g
소금 한 꼬집
버터 82g
생크림 75g
두유 57g
헤이즐넛 100g

토핑
전란 20g
비정제설탕 적당량

| 준비 작업

: 가루재료는 모두 한 볼에 계량 후 체 쳐서 준비합니다. 차갑게 보관하는 것이 좋으므로 미리 계량할 경우 냉동실에 보관하는 것이 좋습니다.

: 액체재료는 반죽에 넣기 직전까지 냉장고에 넣어 차갑게 보관해 주세요.

: 헤이즐넛은 오븐에서 170℃로 10분 정도 구운 후 식혀 준비합니다.

: 버터는 사방 1cm의 주사위 크기로 잘라 계량 후 냉장 보관해 주세요.

: 오븐 팬에 종이포일 또는 테프론시트를 깔아 준비합니다.

: 오븐은 195℃로 15분 이상 예열해 줍니다.

**반죽 만들기 &
마무리**

1 볼에 버터와 가루재료를 모두 넣고 섞어 줍니다.

2 스크래퍼를 이용해 버터가 팥알 크기가 될 때까지 잘게 다져 주세요.
이때 스크래퍼 대신 푸드프로세서를 사용해도 좋습니다. 푸드프로세
서 사용 시 가루 일부와 버터를 함께 넣어야 버터가 뭉치는 것을 방지
할 수 있습니다.

3 액체재료를 모두 넣고 실리콘주걱으로 자르듯이 골고루 섞어 줍니다.

4 구워 준비한 헤이즐넛을 넣고 섞어 줍니다.

Chef's Tip ———————● 헤이즐넛은 그냥 사용해도 되지만 로스팅해 사용하면 훨씬 고소해집니다. 오븐에서
170℃로 10분 정도 굽거나 기름기 없는 팬에 볶아 사용하면 고소한 맛이 배가 됩니다.

5   반죽을 한 덩어리로 뭉친 후 냉장실에서 30분~1시간 정도 휴지합니다.

6   5의 반죽을 80g으로 잘라 둥글게 성형한 다음 전란액을 발라 줍니다.

7   비정제설탕을 뿌린 후 오븐에서 175℃로 25분간 구워 줍니다. 구운 스콘은
          식힘망으로 옮겨 완전히 식혀 마무리합니다.

보관 방법 반죽은 냉장 보관 시 최대 48~72시간, 냉동 보관 시에는 5일 이내로 보관 가능합니다. 구운 후에는 냉장 보관 후 섭취할 것을 추천합니다.

Ce sac est fabriqué
à partir depapier végétal.
00% naturel.de kraft btun
ance:33 litres.
ographi.
tez pas.
ervir plusieurs fois.
en papier
abrique
apier végétal.
rel.de kraft btun
ce:33 litres.
raphi.
pas.
ervir plusieurs fois.
kaging design

오렌지 초콜릿 스콘

오렌지 초콜릿 스콘은 프랑스 디저트 '망디앙'과 '오랑제뜨'에서 출발한 구움과자입니다. '망디앙(mendiant)'은 원래 헤이즐넛과 아몬드, 무화과를 섞은 반죽을 말하는데, 지금은 견과류나 말린 과일과 콩피를 초콜릿과 결합해 인기있는 디저트가 되었습니다. 설탕에 절인 오렌지껍질을 초콜릿으로 감싼 당과류라는 뜻의 '오랑제뜨'는 달콤 쌉싸래한 다크초콜릿과 설탕에 절여 쫀득한 맛을 내는 오렌지껍질이 만나 상큼함을 더해 줍니다.

| 도구

볼, 체, 스크래퍼 또는 푸드프로세서, 종이포일(테프론시트), 실리콘주걱, 오븐 팬, 식힘망

| 재료
약 8개 분량

반죽		**가나슈**	
박력분 200g		생크림 20g	
베이킹파우더 8g		다크커버춰 초콜릿 20g	
설탕 54g			
소금 2g		**토핑**	글라사주(코팅용 다크초콜릿) 적당량
버터 110g			
생크림 100g			건조 오렌지칩(시판용) 적당량
오렌지필(시판용) 40g			
초콜릿칩 40g			

| 준비 작업

: 가루재료는 모두 한 볼에 계량 후 체 쳐서 준비합니다. 차갑게 보관하는 것이 좋으므로 미리 계량할 경우 냉동실에 보관하는 것이 좋습니다.

: 액체재료는 반죽에 넣기 직전까지 냉장고에 넣어 차갑게 보관해 주세요.

: 버터는 사방 1cm의 주사위 크기로 잘라 계량 후 냉장 보관해 주세요.

: 가나슈재료는 전자레인지에 데워 잘 섞어 주세요. 초콜릿이 녹을 정도로만 데워 줍니다.

: 오븐 팬에 종이포일 또는 테프론시트를 깔아 준비합니다.

: 오븐은 195℃로 15분 이상 예열해 줍니다.

반죽 만들기 &
마무리

1 볼에 버터와 가루재료를 모두 넣고 섞어 줍니다.

2 스크래퍼를 이용해 버터가 팥알 크기가 될 때까지 잘게 다져 주세요. 이때 스크래퍼 대신 푸드프로세서를 사용해도 좋습니다. 푸드프로세서 사용 시 가루 일부와 버터를 함께 넣어야 버터가 뭉치는 것을 방지할 수 있습니다.

3 생크림과 가나슈재료를 넣고 자르듯이 골고루 섞어 줍니다. 오렌지필과 초콜릿칩도 넣고 실리콘주걱으로 자르듯이 섞어 줍니다.

　　　♧ 가나슈가 너무 뜨거우면 반죽의 버터가 녹아버립니다. 액체 상태의 텍스처를 유지 하고 온도는 차가울수록 좋습니다.

4 3의 반죽을 한 덩어리로 뭉친 후 냉장실에서 30분~1시간 정도 휴지합니다.

　　　♧ 너무 강하게 힘을 주어 한 덩어리로 만들 경우 수분으로 인해 떡지듯 반죽이 뭉칠 수 있습니다. 반대로 너무 약하게 한 덩어리를 만들 경우 굽는 과정에서 반죽이 펼쳐 지거나 무너질 수 있으므로 적당히 힘을 주어 뭉치는 것이 좋습니다.

5 반죽을 80g으로 나눠 잘라 둥글게 성형한 후 오븐에서 175℃로 25분 정도 구워 줍니다.

6 구운 후 식힘망으로 옮겨 완전히 식혀 줍니다. 스콘이 식을 동안 글라사주(코팅용 다크초콜릿)를 녹여 만듭니다. 전자레인지에 녹여도 되고 중탕 볼을 사용해 녹일 수도 있습니다.

○ 코팅용 다크초콜릿을 전자레인지에 녹일 때는 30초씩 끊어서 돌려 주어야 합니다. 너무 오래 돌려서 초콜릿이 덩어리지지 않게 주의해 주세요. 글라사주 초콜릿의 작업 온도는 40℃, 스콘 온도는 12℃가 적당합니다.

7 식힌 스콘 위에 글라사주를 부어 주고, 건조 오렌지칩을 올려 마무리합니다.

○ 건조 오렌지칩은 얇게 자른 오렌지를 100℃로 예열한 오븐에 넣어 30분 정도 구워도 되지만 식품건조기를 활용하거나 시판용 제품을 구매해 사용하는 것도 좋습니다.

Chef's Tip ——● 스콘은 차가운 재료를 차갑게 반죽하는 것이 중요합니다. 작업하는 환경의 온도를 너무 높지 않게 잘 유지하면서 작업도중 버터가 녹지 않도록 빠르게 공정을 진행하는 것이 좋습니다. 작업 도중 버터가 녹아 손에 묻는 것이 느껴진다면 바로 볼 채 냉동실에 넣어 온도를 빠르게 내려주는 것도 좋은 방법입니다. 같은 이유로, 가나슈재료를 반죽에 넣기 전에 재료의 온도가 너무 높지 않은지 미리 확인하여 반죽 온도가 높아지지 않도록 주의해야 합니다.

레몬 크림 스콘

상큼한 레몬과 부드러운 크림을 곁들여 허브티와 어울리는 스콘을 만들었습니다. 절인 레몬을 넣어 상큼달콤하게 즐길 수 있습니다.

| 도구

볼, 체, 핸드믹서 또는 거품기, 스크래퍼 또는 푸드프로세서, 그라인더, 실리콘주걱, 붓, 아이스크림 스쿱, 종이포일(테프론시트), 오븐 팬, 식힘망

| 재료
약 8개 분량

반죽		레몬 크림		레몬 커드 크림	
박력분 200g		생크림 100g		달걀 30g	
설탕 55g		마스카포네크림 100g		설탕 30g	
베이킹파우더 7g		레몬제스트 10g		레몬즙 30g	
소금 2g		레몬커드크림 30g		버터(녹인 것) 30g	
버터 100g		설탕 15g		레몬제스트 3g	
생크림 80g					
우유 55g				토핑	생크림 20g
레몬필(시판용) 20g					레몬 적당량
					허브 잎 약간

| 준비 작업

: 가루재료는 모두 한 볼에 계량 후 체 쳐서 준비합니다. 차갑게 보관하는 것이 좋으므로 미리 계량할 경우 냉동실에 보관하는 것이 좋습니다.

: 액체재료는 반죽에 넣기 직전까지 냉장고에 넣어 차갑게 보관해 주세요.

: 레몬은 베이킹소다와 식초 또는 굵은 소금으로 깨끗하게 세척해 준비합니다. 레몬제스트는 레몬껍질 안쪽의 하얀 부분까지 사용하게 되면 쓴맛이 날 수 있으니 껍질 겉면만 그라인더로 갈아서 준비합니다.

: 버터는 사방 1cm의 주사위 크기로 잘라 계량 후 냉장 보관해 주세요.

: 레몬커드크림 재료를 볼에 넣고 약 83℃까지 중탕해 줍니다. 걸쭉한 질감이 되면 체에 걸러 사용합니다.

: 오븐 팬에 종이포일 또는 테프론시트를 깔아 준비합니다.

: 오븐은 195℃로 15분 이상 예열해 줍니다.

레몬 크림 만들기

1 레몬 크림 재료를 볼에 넣고 핸드믹서 또는 거품기로 휘핑해 줍니다.

**반죽 만들기 &
마무리**

1 볼에 버터와 가루재료를 모두 넣고 섞어 줍니다.

2 스크래퍼를 이용해 버터가 팥알 크기가 될 때까지 잘게 다져 주세요. 이 때 스크래퍼 대신 푸드프로세서를 사용해도 좋습니다. 푸드프로세서 사용 시 가루 일부와 버터를 함께 넣어야 버터가 뭉치는 것을 방지할 수 있습니다.

3 액체재료를 넣고 실리콘주걱으로 자르듯이 골고루 섞어 줍니다.

4 레몬필을 넣고 잘 섞어 줍니다.

5 4의 반죽을 한 덩어리로 뭉친 후 냉장실에서 30분~1시간 정도 휴지합 니다.

6 5의 반죽을 80g으로 나눠 자른 후 둥글게 성형하고 표면에 붓으로 생크 림을 발라 줍니다. 오븐에서 175℃로 25분간 구워 식힘망에서 식힌 후 레몬 크림과 레몬, 허브 잎을 올려 마무리합니다.

보관 방법 반죽은 냉장 보관 시 최대 48~72시간, 냉동 보관 시에는 5일 이내로 보관 가능합니 다. 구운 후에는 냉장 보관 후 섭취할 것을 추천합니다.

그래놀라
메이플 스콘

꾸덕한 그릭요거트, 과일과 함께 먹으면 잘 어울리는 스콘입니다. 시리얼과 오트밀을 메이플시럽과 꿀에 볶아 바삭한 식감을 유지하도록 하면서 가벼운 스콘 식감을 느낄 수 있도록 만들었습니다.

| 도구

냄비, 실리콘주걱, 볼, 체, 스크래퍼 또는 푸드프로세서, 종이포일(테프론시트), 오븐 팬, 식힘망

| 재료

약 8개 분량

반죽	
박력분 248g	
베이킹파우더 10g	
설탕 67g	
소금 3g	
버터 124g	
생크림 84g	
우유 36g	
메이플시럽 10g	

메이플 그래놀라 시리얼	
시리얼 25g	
크리스피오트 25g	
메이플시럽 52g	
설탕 25g	
꿀 25g	
시나몬가루 1g	

캐러멜 소스	
설탕 100g	
생크림 100g	

토핑	
전란 20g	
캐러멜(시판용) 8개	

| 준비 작업

: 가루재료는 모두 한 볼에 계량 후 체 쳐서 준비합니다. 차갑게 보관하는 것이 좋으므로 미리 계량할 경우 냉동실에 보관하는 것이 좋습니다.

: 액체재료는 반죽에 넣기 직전까지 냉장고에 넣어 차갑게 보관해 주세요.

: 버터는 사방 1cm의 주사위 크기로 잘라 계량 후 냉장 보관해 주세요.

: 캐러멜소스는 38쪽을 참고해 미리 만들어 차갑게 식혀 둡니다.

: 오븐 팬에 종이포일 또는 테프론시트를 깔아 준비합니다.

: 오븐은 195℃로 15분 이상 예열해 줍니다.

**메이플 그래놀라
시리얼 만들기**

1 냄비에 메이플시럽과 설탕, 시나몬가루를 넣고 약한 불에서 실리콘주걱으로 저어가며 녹여 줍니다.

2 약간 끓어오르면 시리얼과 크리스피오트를 넣고 볶아 줍니다.

3 갈색 빛이 조금 돌면 꿀을 넣고 볶은 후 종이포일로 옮겨 담아 펼쳐서 식혀 줍니다.

반죽 만들기 &
마무리

1 볼에 버터와 가루재료를 모두 넣고 섞어 줍니다.

2 스크래퍼를 이용해 버터가 팥알 크기가 될 때까지 잘게 다져 주세요. 이때 스크래퍼 대신 푸드프로세서를 사용해도 좋습니다. 푸드프로세서 사용 시 가루 일부와 버터를 함께 넣어야 버터가 뭉치는 것을 방지할 수 있습니다.

3 액체재료를 넣고 실리콘주걱으로 자르듯이 골고루 섞어 줍니다.

4 메이플 그래놀라 시리얼을 넣고 섞어 줍니다.

5 4의 반죽을 한 덩어리로 뭉친 후 냉장실에서 30분~1시간 정도 휴지합니다. 반죽을 80g으로 나눠 자른 후 둥글게 성형해 줍니다.

6 오븐에서 175℃로 25분간 구운 후 식힘망으로 옮겨 식혀 줍니다. 만들어 둔 캐러멜소스와 캐러멜을 올려 마무리합니다.

Chef's Tip ——————● 캐러멜소스 작업 시 설탕을 녹일 때 실리콘주걱이나 도구를 사용해 저으면 나중에 덩어리가 생길 수 있습니다. 설탕을 빨리 녹이고 싶을 때는 설탕이 녹을 때 물을 살짝 넣어 주어도 됩니다. 차가운 생크림을 넣으면 덩어리가 생기거나 온도차로 사방에 튈 수 있으니 화상에 주의하세요.

보관 방법 반죽은 냉장 보관 시 최대 48~72시간, 냉동 보관 시에는 5일 이내로 보관 가능합니다. 구운 후에는 냉장 보관 후 섭취할 것을 추천합니다.

Chapter 3

파운드케이크

파운드케이크는 버터, 설탕, 달걀, 밀가루를 각각 1파운드씩 1 : 1 : 1 : 1 의 비율로 넣어 만든 케이크라는 뜻에서 이름 붙여진 케이크입니다. 설탕과 달걀을 넣을 때 공기가 잘 주입되게 하는 것이 포인트입니다. 파운드케이크는 어떤 틀을 사용하느냐에 따라 사각의 기본 파운드 케이크가 되기도 하고, 큰 구겔호프 틀이나 작은 미니 사각 틀을 사용하어 원하는 모양의 파운드케이크를 만들 수도 있습니다.

바닐라
파운드케이크

바닐라 파운드케이크는 바닐라향이 가득한 파운드케이크입니다. 호불호 없이 누구나 즐길 수 있는 파운드케이크로, 본연의 파운드 맛을 느낄 수 있는 레시피입니다. 바닐라빈을 사용할 수도 있고 바닐라익스트랙 또는 바닐라페이스트, 바닐라파우더 등을 사용해 만들 수도 있으니 클래식하면서도 군더더기 없는 맛을 구현해 보세요.

| 도구

볼, 냄비, 체, 칼 또는 가위, 핸드믹서 또는 거품기, 실리콘주걱, 랩, 짤주머니, 생토노레 깍지, 파운드케이크 틀(오란다 틀 대), 붓, 오븐 팬, 식힘망

| 재료
약 1개 분량

반죽
버터 120g
설탕 122g
달걀 120g
박력분 100g
아몬드가루 20g
베이킹파우더 4g
바닐라빈 1개
생크림 10g

바닐라 가나슈
화이트커버춰 초콜릿 300g
바닐라빈 1/4개
생크림 300g

설탕 시럽
설탕 20g
물 40g

토핑
식용 금박 약간
바닐라빈 1개

| 준비 작업

: 재료는 모두 실온에 꺼내 준비합니다.

: 설탕시럽은 설탕과 물을 섞은 후 전자레인지에 돌려 중앙 부분이 끓을 때까지 데워 줍니다. 이 작업은 냄비에 넣고 가열해도 됩니다.

: 박력분, 베이킹파우더는 함께 계량 후 체 쳐서 준비합니다.

: 바닐라빈은 미리 손질해 준비합니다.

: 오븐은 200℃로 15분 이상 예열해 줍니다.

바닐라빈 손질하기

1 바닐라빈을 손으로 만져 말랑하게 준비합니다.

2 칼 또는 가위를 활용해 반으로 잘라 줍니다.

3 2를 갈라 칼등이나 가위 등으로 바닐라빈을 긁어 냅니다.

바닐라 가나슈 만들기

1 각각의 볼에 화이트커버춰 초콜릿과 바닐라빈을 넣은 생크림을 준비합니다.

2 생크림과 화이트커버춰 초콜릿을 모두 녹여 줍니다.

3 따뜻할 정도로만 데운 생크림을 녹인 화이트커버춰 초콜릿에 넣고 1~2분 가량 방치한 후 실리콘주걱으로 잘 섞어 줍니다.

♧ 이때 중앙부터 차분하게 섞어 주어야 합니다. 과하게 휘핑하듯 섞게 되면 공기가 들어가 기포가 생길 수 있습니다. 실리콘주걱을 바닥에 붙이고 차분하게 섞어 주세요.

4 텍스처가 균일해지도록 섞어 줍니다.

♧ 이때 덩어리가 졌다면 중탕하여 모두 녹여 줍니다. 과하게 중탕하게 되면 분리가 일어나므로 처음부터 잘 섞일 수 있도록 해 줍니다.

5 4를 밀착 랩핑해 냉장고에 8~12시간 정도 넣어 둡니다.

반죽 만들기 &
마무리

1   반죽재료를 모두 계량해 준비합니다.

2   파운드케이크 틀에 녹인 버터(분량 외)를 바르고 강력분을 골고루 뿌
     린 후 가루가 남지 않게 털어 줍니다.

3   볼에 버터를 넣고 핸드믹서로 크림화해 줍니다. 핸드믹서가 없는 경우
     에는 거품기를 사용해도 좋습니다.

4   설탕을 2회에 걸쳐 나눠 넣으며 핸드믹서 또는 실리콘주걱으로 섞어
     줍니다. 이때의 텍스처는 손가락으로 만져보았을 때 설탕의 서걱거림
     이 약간만 남아 있는 정도입니다. 설탕을 반 정도만 녹여 준다고 생각
     하면 됩니다.

     ♡ 설탕을 오래 섞게 되면 반죽의 온도가 높아질 수 있습니다. 뽀얗고 폭신할 정
       도로만 섞어 주세요. 과하게 섞으면 버터가 녹을 수 있으니 주의해 주세요.

5   달걀을 10회에 걸쳐 나눠 넣으며 잘 섞어 줍니다.

💡 달걀의 온도를 18~22℃ 사이로 맞춰 주고 반죽에 조금씩 혼합하면 됩니다. 중간에
몽글몽글하게 분리가 난 것처럼 보인다면 계량한 가루재료를 한 줌 넣어 주세요. 분리
된 반죽도 사용할 수 있으니 버리지 말고 끝까지 진행해 주세요.

6   나머지 가루재료를 모두 체 쳐 넣고 실리콘주걱으로 자르듯이 골고루 섞어
줍니다.

7   바닐라빈과 생크림을 넣고 섞은 후 짤주머니에 담아 줍니다. 그대로 냉장
고에 넣고 최소 1시간 정도 휴지합니다.

8　　7의 반죽을 파운드케이크 틀에 넣어 줍니다. 틀의 중간은 좀 더 낮게,
　　　가장자리는 틀 높이까지 반죽을 채워 줍니다.

　　　⌂ 일회용 미니 사각 틀을 사용할 때는 반죽을 반 정도만 채워 주세요.

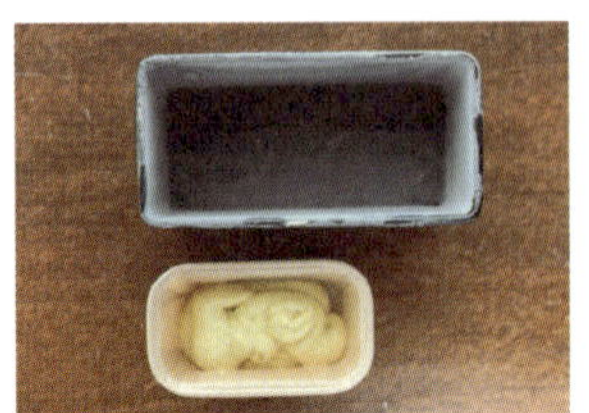

9　　예열한 오븐에 8을 넣고 175℃로 40분간 구워 줍니다. 구운 파운드케
　　　이크는 바로 꺼내 식힘망에서 잠시 식혀 줍니다.

　　　⌂ 일회용 미니 사각 틀에 구운 경우 잠시 식힌 후 틀에서 꺼내 식혀 줍니다.

10　 파운드케이크의 표면에 설탕시럽을 한 겹 바른 후 실온에서 식혀 줍니다.

11　 냉장고에 넣어 둔 바닐라 가나슈를 꺼내 잘 섞은 다음 생토노레 깍지를
　　　끼운 짤주머니에 담아 줍니다.

12　 파운드케이크 위에 바닐라 가나슈를 짜서 올린 후 바닐라빈과 식용 금
　　　박을 얹어 마무리합니다.

Chef's Tip ────────●　바닐라익스트랙이나 바닐라페이스트 등의 시판 제품을 사용할 수도 있지만 천연 바닐
라빈을 사용하는 것이 파운드케이크의 풍미를 더욱 좋게 합니다. 가나슈가 있기 때문
에 냉장에서 숙성해 주면 시간이 지날수록 맛이 더욱 풍부해져 구운 직후보다는 며칠
숙성 후 섭취할 것을 추천합니다. 냉장 숙성 시, 다른 음식 냄새가 배지 않도록 주의해
주세요.

보관 방법　반죽은 냉장 보관 시 최대 48~72시간, 냉동 보관 시에는 5일 이내로 보관 가능하며,
사용 전 실온에서 해동하여 반죽이 부드러워졌을 때 사용하는 것이 좋습니다. 파운드케이크를 구
운 후에는 냉장에서 4일, 냉동 후에는 실온에서 해동해 섭취할 것을 추천합니다.

에스프레소
파운드케이크

달콤한 구움과자 한 입과 커피 한 모금은 아주 잘 어울리는 조합입니다. 디저트에서도 커피향의 디저트가 빠지지 않는 이유죠. 에스프레소 한 잔과 커피파우더, 깔루아를 넣어 짙은 커피향의 파운드케이크를 만들어 보았습니다.

| 도구

볼, 체, 핸드믹서 또는 거품기, 실리콘주걱, 짤주머니, 미니 구겔호프 틀, 붓, 오븐 팬, 식힘망

| 재료

약 12개 분량

반죽	버터 120g
	설탕 100g
	소금 2g
	달걀 116g
	박력분 120g
	베이킹파우더 4g
	커피가루 10g
	깔루아 5g

커피 글레이즈	화이트코팅 초콜릿 100g
	커피가루 4g

커피	커피가루 약간

| 준비 작업

: 반죽재료는 모두 실온에 꺼내 준비해 줍니다.

: 커피 글레이즈는 화이트코팅 초콜릿을 전자레인지에 돌려 녹인 후 커피가루와 섞어 준비해 둡니다.

: 색을 좀 더 진하게 표현하고 싶을 때는 커피에센스를 소량 추가해 줍니다.

: 오븐은 195℃로 15분 이상 예열해 줍니다.

**반죽 만들기 &
마무리**

1 미니 구겔호프 틀에 녹인 버터(분량 외)를 바르고 강력분을 골고루 뿌린 후 가루가 남지 않게 털어 줍니다.

2 볼에 버터를 넣고 핸드믹서로 크림화해 줍니다. 핸드믹서가 없는 경우에는 거품기를 사용해도 좋습니다.

3 설탕과 소금을 2회에 걸쳐 나눠 넣으며 핸드믹서 또는 실리콘주걱으로 섞어 줍니다. 이때의 텍스처는 손가락으로 만져보았을 때 설탕의 서걱거림이 약간만 남아 있는 정도입니다. 설탕을 반 정도만 녹여 준다고 생각하면 됩니다.

⬡ 설탕을 오래 섞게 되면 반죽의 온도가 높아질 수 있습니다. 뽀얗고 폭신할 정도로만 섞어 주세요. 과하게 섞으면 버터가 녹을 수 있으니 주의해 주세요.

4   달걀을 10회에 걸쳐 나눠 넣으며 잘 섞어 줍니다.

⎈ 달걀의 온도를 18~22℃ 사이로 맞춰 주고 반죽에 조금씩 혼합하면 됩니다. 중간에
몽글몽글하게 분리가 난 것처럼 보인다면 계량한 가루재료를 한 줌 넣어 주세요. 분리
된 반죽도 사용할 수 있으니 버리지 말고 끝까지 진행해 주세요.

5   나머지 가루재료를 모두 체 쳐 넣고 실리콘주걱으로 자르듯이 골고루 섞어
주줍니다.

142

6 깔루아를 넣고 반죽을 섞은 후 짤주머니에 담아 줍니다.

7 6의 반죽을 미니 구겔호프 틀의 50%만 채우고 예열한 오븐에서 175℃로 15분간 구워 줍니다.

　⬡ 일회용 미니 사각 틀을 사용할 때는 반죽을 반 정도만 채운 후 175℃로 25분간 구워 줍니다.

8 구운 파운드케이크는 오븐에서 바로 꺼내 틀을 제거한 후 식힘망에서 식혀 줍니다.

9 8에 커피 글레이즈를 살짝 찍어 윗부분을 덮어 주고 커피가루를 뿌려 마무리합니다.

　⬡ 일회용 미니 사각 틀에 구운 파운드케이크의 경우 커피 글레이즈를 숟가락으로 덜어 코팅해 줍니다.

Chef's Tip ─────● 바닐라아이스크림과도 잘 어울리는 파운드케이크입니다. 파운드케이크 한 조각에 시판용 조각아이스크림 또는 바닐라아이스크림 한 스쿱을 함께 곁들이는 것도 추천합니다.

보관 방법 반죽은 냉장 보관 시 최대 48~72시간, 냉동 보관 시에는 5일 이내로 보관 가능하며, 사용 전 실온에서 해동하여 부드러워졌을 때 사용하는 것이 좋습니다. 파운드케이크를 구운 후에는 냉장에서 4일, 냉동 후에는 실온에서 해동하여 섭취할 것을 추천합니다.

애플 시나몬
파운드케이크

애플 시나몬 파운드케이크는 시나몬향과 캐러멜라이징한 사과, 폭신한 시트, 아몬드 크럼블의 조합으로 깊은 맛을 전해 줄 파운드케이크입니다. 이 파운드케이크의 포인트는 사과 조림을 뭉근하게 끓여 크럼블과 함께 입안 가득 넣어 먹는 것입니다. 집에 잘 익은 사과가 있다면 근사한 디저트로 만들어 보세요.

| 도구

볼, 체, 냄비, 붓, 파운드케이크 틀(오란다 틀 대), 핸드믹서 또는 거품기, 실리콘주걱, 짤주머니, 오븐 팬, 식힘망

| 재료
약 1개 분량

반죽	버터 120g	**사과**	사과 300g
	황설탕 110g	**조림**	바닐라설탕 100g
	소금 2g		레몬즙 3g
	달걀 110g		버터 30g
	박력분 115g		
	베이킹파우더 3g	**아몬드**	버터 40g
	시나몬가루 8g	**크럼블**	황설탕 38g
			박력분 40g
캐러멜	설탕 100g		아몬드가루 40g
소스	생크림 100g		

| 준비 작업

: 반죽재료는 모두 실온에 꺼내 준비해 줍니다.

: 가루재료는 미리 체 쳐서 준비합니다.

: 캐러멜소스는 38쪽을 참고해 미리 만들어 준비합니다.

: 아몬드 크럼블은 미리 만들어 냉동실에 보관해 줍니다.

: 오븐은 200℃로 15분 이상 예열해 줍니다.

아몬드 크럼블 만들기

1 실온의 재료를 모두 볼에 넣고 손으로 조물조물 섞어 덩어리지게 합니다.

2 1을 밀봉하여 냉동실에 보관합니다. 냉동 보관 시 10일 정도 보관 가능합니다.

사과 조림 만들기

1 사과를 먹기 좋은 크기로 자른 후 냄비에 바닐라설탕과 사과를 넣고 약한 불에서 끓여 줍니다.

2 수분이 조금 날아갈 정도로 끓여 준 후 레몬즙을 넣어 줍니다. 버터를 넣고 사과가 노릇해질 때까지 익혀 줍니다.

반죽 만들기 &
마무리

1   파운드케이크 틀에 녹인 버터(분량 외)를 바르고 강력분을 골고루 뿌린 후
가루가 남지 않게 털어 줍니다.

2   볼에 버터를 넣고 핸드믹서로 크림화해 줍니다. 핸드믹서가 없는 경우에
는 거품기를 사용해도 좋습니다.

3   황설탕과 소금을 2회에 걸쳐 나눠 넣으며 핸드믹서 또는 실리콘주걱으로
섞어 줍니다. 이때의 텍스처는 손가락으로 만져 보았을 때 설탕의 서걱거
림이 약간만 남아 있는 정도입니다. 설탕을 반 정도만 녹여 준다고 생각하
면 됩니다.

⌂ 설탕을 오래 섞게 되면 반죽의 온도가 높아질 수 있습니다. 뽀얗고 폭신해질 정도
로만 섞어 주세요. 과하게 섞으면 버터가 녹을 수 있으니 주의해 주세요.

4   달걀을 10회에 걸쳐 나눠 넣으며 잘 섞어 줍니다.

♡ 달걀의 온도를 18~22℃ 사이로 맞춰 주고 반죽에 조금씩 혼합하면 됩니다. 중
간에 몽글몽글하게 분리가 난 것처럼 보인다면 계량한 가루재료를 한 줌 넣어 주
세요. 분리된 반죽도 사용할 수 있으니 버리지 말고 끝까지 진행해 주세요.

5   나머지 가루재료를 모두 넣고 실리콘주걱으로 자르듯이 골고루 섞은
후 짤주머니에 담아 줍니다.

6   파운드케이크 틀 바닥에 짤주머니에 담아 준비한 캐러멜소스를 얇게 짜 넣
    은 후 사과조림을 담아 줍니다.

    ⟡ 사과가 익으면서 좀 더 수축할 수 있으므로 빈틈없이 빼곡히 넣습니다.

7   사과 조림 위에 반죽을 짜 넣고 아몬드 크럼블을 올린 후 오븐에서 175℃
    로 40분간 구워 줍니다. 구운 파운드케이크는 오븐에서 바로 꺼내 식힘망
    에서 잠시 식힌 후 틀을 제거하고 마무리합니다.

보관 방법 반죽은 냉장 보관 시 최대 48~72시간, 냉동 보관 시에는 5일 이내로 보관 가능하며, 사용
전 실온에서 해동하여 부드러워졌을 때 사용하는 것이 좋습니다. 파운드케이크를 구운 후에는 냉장
에서 4일, 냉동 후에는 실온에서 해동하여 섭취할 것을 추천합니다.

슈톨렌
파운드케이크

슈톨렌 파운드케이크는 독일의 크리스마스 케이크 슈톨렌을 좀 더 가볍게 먹기 위해 만든 케이크입니다. 독일의 슈톨렌은 럼에 절인 건과일과 아몬드 마지팬을 사용해 만든 빵입니다. 전통적인 슈톨렌보다는 좀 더 부드러운 럼향과 촉촉한 식감을 즐기고 싶다면 슈톨렌 파운드케이크를 만들어 즐겨보세요.

| 도구

볼, 체, 붓, 핸드믹서 또는 거품기, 실리콘주걱, 파운드케이크 틀(오란다 틀 대), 오븐 팬, 식힘망

| 재료
약 1개 분량

반죽
버터 110g
바닐라설탕 122g
달걀 116g
박력분 100g
아몬드가루 20g
베이킹파우더 3g
절인 건과일 50g
견과류 75g(헤이즐넛 30g, 아몬드슬라이스 20g, 피칸분태 25g)
아몬드 마지팬(시판용) 100g

설탕시럽
설탕 10g
물 20g

토핑
데코스노우 적당량
냉동 베리류 적당량
타임 약간
슈거파우더 적당량

| 준비 작업

: 반죽재료는 모두 실온에 꺼내 준비해 줍니다.

: 절인 건과일은 럼에 오렌지필, 레몬필, 건라즈베리, 건포도, 무화과 등을 넣어 4일~1년 냉장 보관 후 사용합니다 .

: 절인 건과일은 체에 밭쳐 물기를 빼 줍니다.

: 박력분, 아몬드가루, 베이킹파우더는 함께 계량 후 체 쳐서 준비합니다.

: 설탕시럽은 131쪽 준비 작업을 참고해 만들어 준비합니다.

: 오븐은 200℃로 15분 이상 예열해 줍니다.

반죽 만들기 &
마무리

1 파운드케이크 틀에 녹인 버터(분량 외)를 바르고 강력분을 골고루 뿌린 후 가루가 남지 않게 털어 줍니다.

⬡ 파운드케이크 틀 외에 구겔호프 틀, 미니 큐브 틀 등을 사용하면 됩니다. 대신 녹인 버터를 바르고 강력분을 잘 뿌려 주어야 구운 후에 틀을 제거하기 쉽습니다.

2 볼에 버터를 넣고 핸드믹서로 크림화해 줍니다. 핸드믹서가 없는 경우에는 거품기를 사용해도 좋습니다.

3 바닐라설탕을 2회에 걸쳐 나눠 넣으며 핸드믹서로 섞어 줍니다. 이때의 텍스처는 손가락으로 만져보았을 때 설탕의 서걱거림이 약간만 남아 있는 정도입니다. 설탕을 반 정도만 녹여 준다고 생각하면 됩니다.

⬡ 설탕을 오래 섞게 되면 반죽의 온도가 높아질 수 있습니다. 뽀얗고 폭신할 정도로만 섞어 주세요. 과하게 섞으면 버터가 녹을 수 있으니 주의해 주세요.

반죽 만들기 &

4 달걀을 10회에 걸쳐 나눠 넣으며 잘 섞어 줍니다.

⟡ 달걀의 온도를 18~22℃ 사이로 맞춰 주고 반죽에 조금씩 혼합하면 됩니다. 중간에
몽글몽글하게 분리가 난 것처럼 보인다면 계량한 가루재료를 한 줌 넣어 주세요. 분리
된 반죽도 사용할 수 있으니 버리지 말고 끝까지 진행해 주세요.

5 나머지 가루재료를 모두 체 쳐 넣고 실리콘주걱으로 자르듯이 골고루 섞어
줍니다.

6 절인 건과일, 견과류를 넣고 가볍게 섞어 줍니다.

7 파운드케이크 틀의 50% 정도까지 반죽을 채워 줍니다.

8   7의 중앙에 아몬드 마지팬을 세로로 넣어 줍니다.

9   나머지 반죽도 파운드케이크 틀에 넣어 줍니다. 틀의 중간은 좀 더 낮게,
      가장자리는 틀 높이까지 채워 줍니다.

10   예열한 오븐에서 175℃로 40분간 구워 줍니다.

11   구운 파운드케이크는 바로 꺼내 식힘망에서 잠시 식힌 후 파운드케이
      크의 표면에 붓으로 설탕시럽을 한 겹 발라 줍니다.

Chef's Tip ————————•   건과일이나 견과류 등을 너무 많이 넣을 경우 파운드케이크 반죽 아래로 해당 재료들
이 가라앉을 수 있으니 적당량 넣어 주세요. 구운 파운드케이크는 랩핑하여 실온에서
하루 정도 숙성 후 섭취하면 좀 더 깊은 풍미를 느낄 수 있습니다.

12   11에 데코스노우를 전체적으로 덮어 주고 냉동 베리류와 타임으로 장식해
     마무리합니다.

보관 방법 반죽은 냉장 보관 시 최대 48~72시간, 냉동 보관 시에는 5일 이내로 보관 가능하며, 사용
전 실온에서 해동하여 부드러워졌을 때 사용하는 것이 좋습니다. 파운드케이크를 구운 후에는 실온
에서 4일, 냉동 후에는 실온에서 해동하여 섭취할 것을 추천합니다.

얼그레이
구겔호프

얼그레이향이 은은하게 퍼지는 매력적인 구겔호프입니다. 홍차가루의
쓴맛을 줄이기 위해 홍차의 티백 그대로 넣고 생크림과 바닐라향으로 부
드러움을 살린 디저트입니다.

| 도구

볼, 체, 붓, 핸드믹서 또는 거품기, 실리콘주걱, 짤주머니, 미니 구겔호프
틀 12구, 오븐 팬, 식힘망

| 재료
약 10개 분량

반죽
버터 100g
설탕 95g
바닐라빈 1개
달걀 95g
박력분 80g
아몬드가루 20g
얼그레이 찻잎A 5g
베이킹파우더 3g
생크림 20g
얼그레이 찻잎B 2g

얼그레이 글레이즈
우유 30g
얼그레이 찻잎 2g
슈거파우더 120g

토핑
수레꽃차잎 약간

| 준비 작업

: 반죽재료는 모두 실온에 꺼내 준비해 줍니다.

: 가루재료는 함께 계량 후 체 쳐서 준비합니다.

: 오븐은 195℃로 15분 이상 예열해 줍니다.

**얼그레이 글레이즈
만들기**

1 볼에 우유와 얼그레이 찻잎을 넣고 전자레인지에 데워 줍니다.

2 1을 체에 거른 후 다른 볼에 준비한 슈거파우더와 섞어 줍니다.

3 실리콘주걱으로 매끈하게 섞은 후 짤주머니에 담아 준비합니다.

**반죽 만들기 &
마무리**

1 볼에 버터를 넣고 핸드믹서로 크림화해 줍니다. 핸드믹서가 없는 경우에는 거품기를 사용해도 좋습니다.

2 설탕과 바닐라빈을 섞어 3회에 걸쳐 나눠 넣으며 핸드믹서로 섞어 줍니다.

3 달걀은 여러 번에 걸쳐 나눠 넣으며 잘 섞어 줍니다.

4 나머지 가루재료(박력분, 아몬드가루, 얼그레이 찻잎A, 베이킹파우더)를 모두 체 쳐 넣고 실리콘주걱으로 자르듯이 골고루 섞어 줍니다.

5 　생크림과 얼그레이 찻잎B는 전자레인지에 데워 잘 섞은 후 4에 넣어 섞
　　어 줍니다.

6 　반죽이 매끈해지도록 정리한 후 짤주머니에 담아 줍니다.

7 　미니 구겔호프 틀에 가볍게 녹인 버터(분량 외)를 바르고 강력분을 골
　　고루 뿌린 후 가루가 남지 않게 털어 줍니다.

8 　6의 반죽을 틀에 50% 정도만 팬닝해 줍니다.

9   오븐에서 175℃로 15분간 구운 후 틀에서 꺼내 식힘망에서 식혀 줍니다.

10   얼그레이 글레이즈를 짜 올린 후 수레꽃차잎으로 장식해 마무리합니다.

Chapter 4

까눌레

주름진 종 모양의 틀에 굽는 구움과자 까눌레. 프랑스에서는 와인의 불
순물을 걸러내는 데 달걀 흰자를 사용하고 남은 달걀 노른자는 수도원
에 기증했는데, 이를 활용해 달콤한 구움과자를 만든 것이 지금의 까눌
레입니다.

바닐라 까눌레

디종 바닐라를 넣어 겉은 바삭하고 속은 촉촉한 식감의 까눌레를 만들었
어요. 바닐라 풍미가 더해진 럼의 조화를 느껴 보세요.

| 도구

볼, 냄비, 체, 핸드믹서, 거품기, 실리콘주걱, 사각 용기, 랩, 붓, 짤주머니,
까눌레 틀, 오븐 팬, 식힘망

| 재료
약 12개 분량(크기에 따라 상이)

반죽
우유 400g
버터 25g
바닐라빈 1개
노른자 45g
달걀 35g
설탕 180g
박력분 90g
디종 바닐라 20g

휘핑크림
생크림 100g
바닐라빈 1g
설탕 10g

토핑
바닐라빈껍질 적당량
식용 금박 약간

| 준비 작업

: 우유, 버터, 바닐라빈은 섞은 후 미리 데워서 준비합니다.

: 휘핑크림은 차갑게 준비한 생크림에 바닐라빈과 설탕을 섞은 후 핸드
믹서 날이 지나간 자리가 생길 때까지 휘핑해 준비합니다.

: 오븐은 210℃로 15분 이상 예열해 줍니다.

**반죽 만들기 &
마무리**

1 볼에 달걀과 노른자를 넣고 거품기로 풀어 줍니다.

2 설탕을 넣고 섞어 줍니다.

3 2에 가루재료를 모두 체 쳐 넣고 거품기로 섞어 줍니다.

4 데워 준비한 우유, 버터, 바닐라빈을 체에 걸러 넣은 후 거품기로 섞어
줍니다.

5 4를 실리콘주걱으로 정리한 후 체에 걸러 줍니다.

Chef's Tip ⎯⎯⎯⎯⎯⎯● 구운 까눌레는 틀에서 바로 꺼내 식힘망으로 옮겨 식혀야 합니다. 구운 후 틀에 있는 시
간이 길어질수록 까눌레 겉면이 질겨지므로 주의해 주세요.

166

6   5를 별도의 용기에 담고 디종 바닐라를 넣은 후 밀착 랩핑하여 48시간 이
     상 냉장 숙성해 줍니다.

7   녹인 버터(분량 외)를 칠한 까눌라 틀에 6의 반죽을 팬닝하고 오븐에서
     190℃로 25분 구운 다음, 온도를 낮춰 175℃로 25분간 구워 줍니다.

8   7을 식힘망으로 옮겨 식힌 후 휘핑크림을 얹고 바닐라빈껍질과 식용 금박
     으로 장식해 마무리합니다.

보관 방법 반죽은 냉장 보관 시 최대 72시간 보관 가능하며, 구운 후에는 실온에서 3일 또는 오븐에
서 160℃로 5분 정도 데워 섭취할 것을 추천합니다.

에스프레소
까눌레

커피와 어울리지 않으면 어떡하나 고민했던 디저트입니다. 커피에 커피 향이 어울리는 디저트를 만들려면 원두 특유의 쌉싸래한 맛과 커피 럼의 짙은 향이 더욱 강해야 좀 더 디저트로서 즐길 수 있겠다 싶었습니다. 커피가루를 넣어 기본 반죽을 만들고 깔루아 럼을 넣어 짙은 풍미를 더했습니다.

| 도구

볼, 냄비, 체, 거품기, 실리콘주걱, 사각 용기, 랩, 붓, 까눌레 틀, 오븐 팬, 식힘망

| 재료
약 12개 분량(크기에 따라 상이)

반죽

우유 400g	설탕 185g
버터 25g	박력분 92g
노른자 48g	커피가루 10g
달걀 33g	디종 카페 럼 25g

| 준비 작업

: 우유와 버터, 커피가루를 넣고 섞은 후 미리 데워서 준비합니다.

: 오븐은 210℃로 15분 이상 예열해 줍니다.

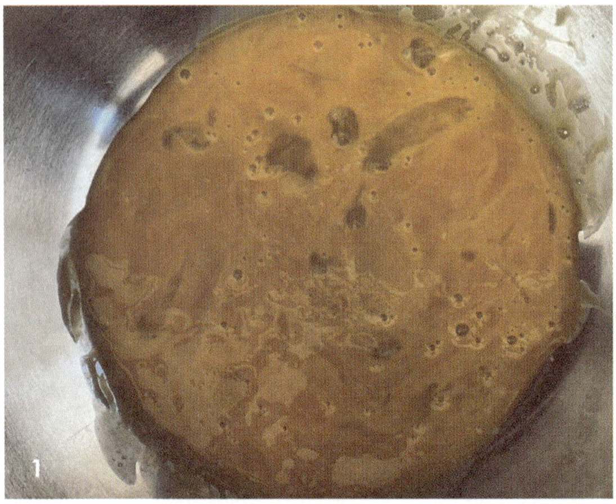
1

2

3

3-1

반죽 만들기 & 마무리

1 볼에 달걀과 노른자를 넣고 거품기로 풀어 줍니다.

2 설탕을 넣고 섞어 줍니다.

3 2에 가루재료를 모두 체 쳐 넣고 거품기로 섞어 줍니다.

4   데워 준비한 우유, 버터, 커피가루를 넣은 후 거품기로 섞어 줍니다.

5   4를 실리콘주걱으로 정리한 후 체에 걸러 별도의 사각 용기에 담아 줍니
    다. 이때 디종 카페 럼을 넣은 다음 밀착 랩핑하여 48시간 이상 냉장 숙성
    해 줍니다.

6   녹인 버터(분량 외)를 칠한 까눌레 틀에 5의 반죽을 팬닝하고 오븐에서
    190℃로 25분 구운 다음, 온도를 낮춰 175℃로 25분간 구워 줍니다.

7   구운 까눌레는 틀에서 꺼내 바로 식힘망으로 옮겨 식힌 후 마무리합니다.

보관 방법 반죽은 냉장 보관 시 최대 72시간 보관 가능하며, 구운 후에는 실온에서 3일 또는 오븐에서 160℃로 5분 정도 데워 섭취할 것을 추천합니다.

시나몬 츄러스
까눌레

시나몬은 가을, 겨울에 자주 사용하는 향이에요. 호불호가 있을 수 있지만 시나몬향을 좋아하는 사람이라면 시나몬 츄러스 까눌레는 참을 수 없을 거예요. 달콤한 시럽 속에 골드 럼과 함께 시나몬향을 가두어 시간이 지나도 그 향을 느낄 수 있답니다.

| 도구

볼, 냄비, 체, 거품기, 실리콘주걱, 원형 용기, 랩, 붓, 까눌레 틀, 오븐 팬, 식힘망

| 재료
약 12개 분량(크기에 따라 상이)

반죽		설탕시럽	
우유 400g		설탕 10g	
버터 22g		물 20g	
노른자 48g			
달걀 30g		**토핑**	
설탕 162g		비정제설탕 100g	
박력분 97g		백설탕 400g	
시나몬가루 13g		시나몬가루 15g	
골드 럼 15g			

| 준비 작업

: 설탕시럽은 131쪽 준비 작업을 참고해 만들어 준비합니다.

: 우유, 버터, 시나몬가루는 섞은 후 미리 데워서 준비합니다.

: 토핑재료인 설탕과 시나몬가루는 모두 섞어 준비합니다.

: 오븐은 210℃로 15분 이상 예열해 줍니다.

반죽 만들기 &
마무리

1   볼에 달걀과 노른자 넣고 거품기로 풀어 줍니다.

2   설탕을 넣고 섞어 줍니다.

3   2에 가루재료를 모두 체 쳐 넣고 거품기로 섞어 줍니다.

4   데워 준비한 우유, 버터, 시나몬가루를 넣은 후 거품기로 섞어 줍니다.

5   4를 실리콘주걱으로 정리한 후 체에 걸러 별도의 용기에 담아 줍니다. 이
    때 골드 럼을 넣은 다음 밀착 랩핑하여 48시간 이상 냉장 숙성해 줍니다.

6   녹인 버터(분량 외)를 칠한 까눌레 틀에 5의 반죽을 팬닝하고 오븐에서
    190℃로 25분 구운 다음, 온도를 낮춰 175℃로 25분간 구워 줍니다.

7   구운 까눌레는 식힘망으로 옮겨 식힌 후 미리 준비한 설탕시럽을 발라 줍
    니다.

8   미리 섞어 준비한 토핑재료를 입혀 마무리합니다.

Chef's Tip ●   시나몬도 골드 럼도 향이 강하기 때문에 너무 많은 양을 넣게 되면 거부감을 일으킬 수 있
    습니다. 계량을 잘 지켜 만들어 주세요.

보관 방법 반죽은 냉장 보관 시 최대 72시간 보관 가능하며, 구운 후에는 실온에서 3일 또는 오븐에
서 160℃로 5분 정도 데워 섭취할 것을 추천합니다.

무화과 얼그레이 까눌레

작업실에서 탄성이 나왔던 구움과자 중 하나입니다. 얼그레이향이 가득 밴 까눌레에 부드러운 크림과 무화과 잼을 얹어 향과 씹는 맛, 무화과 맛까지 모두 잡은 디저트에요. 까눌레에 무화과 과육이 살아있는 무화과 잼을 넣어 만들어 보세요.

| 도구

볼, 핸드믹서, 냄비, 체, 거품기, 실리콘주걱, 사각 용기, 랩, 붓, 짤주머니, 까눌레 틀, 에플 코어러, 오븐 팬, 식힘망

| 재료

약 12개 분량(크기에 따라 상이)

반죽
우유 400g
버터 20g
얼그레이 찻잎 2g
노른자 40g
달걀 35g
설탕 170g
박력분 100g

휘핑 크림
생크림 100g
바닐라파운드 2g
설탕 10g

토핑
무화과 잼 적당량
무화과 적당량

| 준비 작업

: 우유와 버터, 얼그레이 찻잎은 섞은 후 미리 데워서 준비합니다.

: 휘핑크림은 165쪽 준비 작업을 참고해 만들어 준비합니다.

: 오븐은 210℃로 15분 이상 예열해 줍니다.

**반죽 만들기 &
마무리**

1   볼에 달걀과 노른자를 넣고 거품기로 풀어 줍니다.

2   설탕을 넣고 섞어 줍니다.

3   2에 가루재료를 모두 체 쳐 넣고 거품기로 섞어 줍니다.

4   데워 준비한 우유, 버터, 얼그레이 찻잎을 넣은 후 거품기로 섞어 줍니다.

5   4를 실리콘주걱으로 정리한 후 체에 걸러 별도의 용기에 담아 줍니다.

6   밀착 랩핑하여 48시간 이상 냉장 숙성해 줍니다.

7   녹인 버터(분량 외)를 칠한 까눌레 틀에 6의 반죽을 팬닝하고 오븐에서
    190℃로 25분 구운 다음, 온도를 낮춰 175℃로 25분간 구워 줍니다.

8   구운 까눌레는 틀에서 바로 꺼내 식힘망으로 옮겨 식힌 후 애플 코어러를 이용해 중간에 구멍을 내 줍니다.

9   8에 무화과 잼을 넣어 줍니다.

10   휘핑크림과 무화과를 올려 마무리합니다.

Chef's Tip ──────● 얼그레이 찻잎 대신 얼그레이가루를 사용할 경우 주의해야 할 부분이 있습니다. 얼그레이가루는 가볍기 때문에 까눌레 틀에 넣었을 때 바닥면에 뭉칠 수 있어요. 얼그레이가루가 바닥 쪽으로 몰리는 것이 싫다면 고운 체에 한번 더 걸러 팬닝하는 것이 좋습니다.

Chapter 5

피낭시에 & 다쿠아즈

피낭시에는 둥근 아몬드케이크를 금괴 모양으로 만들어 판매하면서 이름 붙여지게 되었으며, 아몬드가루와 태운 버터의 고소함을 극대화한 구움과자입니다. 함께 소개할 다쿠아즈는 겉은 바삭하고 속은 말랑말랑해 입안에서 가볍고 폭신폭신한 부드러움이 느껴지는 구움과자로 밀가루가 들어가지 않고 머랭의 힘과 고소한 아몬드가루를 넣어 만든 디저트입니다.

감태 곶감
피낭시에

추석 명절 구움과자 세트를 고민할 때 송편 모양을 떠올리며 제작하게
된 품목입니다. 전통적인 식재료를 사용함으로써 추석의 의미도 되새기
고 재료의 조화로움도 느껴 볼 수 있습니다.

| 도구

냄비, 볼, 체, 실리콘주걱, 거품기, 붓, 짤주머니, 플렉시판 끄넬 18구 몰
드, 오븐 팬, 식힘망

| 재료

약 12개 분량

반죽

버터 120g

흰자 100g

설탕 110g

소금 한 꼬집

아몬드가루 50g

박력분 50g

감태 적당량

곶감 적당량

호두 적당량

| 준비 작업

: 재료는 모두 계량해 준비합니다.

: 호두는 63쪽 준비 과정을 참고해 만들어 준비합니다.

: 오븐은 210℃로 15분 이상 예열해 줍니다.

**반죽 만들기 &
마무리**

1   냄비에 버터를 넣고 실리콘주걱으로 저어가며 끓여 줍니다.

2   짙은 갈색이 날 정도로 끓인 후 볼에 옮겨 담아 식혀 줍니다.

3   다른 볼에 흰자를 넣고 거품기로 풀어 줍니다.

4   3에 설탕과 소금을 넣고 섞어 줍니다.

5   나머지 가루재료를 모두 체 쳐 넣고 거품기로 섞어 줍니다.

6   40~60℃ 사이로 식혀 준비한 2의 버터를 한번에 넣고 거품기 또는 실리콘
     주걱으로 섞어 줍니다.

7   6의 반죽을 짤주머니에 담아 준비하고 피낭시에 틀에 가볍게 녹인 버터(분량 외)를 붓으로 칠해 줍니다. 그런 다음 틀 높이의 50% 정도가 되도록 반죽을 팬닝해 줍니다.

8   곶감, 호두, 감태를 넣고 오븐에서 190℃로 14분간 구워 줍니다. 구운 후에는 틀에서 바로 꺼내 식힘망으로 옮겨 식힌 후 마무리합니다.

보관 방법 반죽은 냉동 보관 시 최대 1개월 정도 보관 가능하며, 구운 후에는 실온에서 3일, 냉동에서는 10일 정도 보관 가능합니다.

캐러멜
피낭시에

피낭시에에 캐러멜소스를 넣어 반죽함으로써 달콤 쌉싸래한 맛을 추가
했습니다. 구운 후에도 캐러멜소스를 더하여 수제 캐러멜향의 풍미를 함
께 느낄 수 있는 구움과자입니다.

| 도구

냄비, 볼, 체, 실리콘주걱, 거품기, 붓, 짤주머니, 피낭시에 틀, 오븐 팬, 식
힘망

| 재료

약 12개 분량

반죽 버터 120g

흰자 100g

설탕 100g

소금 한 꼬집

아몬드가루 50g

박력분 50g

캐러멜소스 35g

캐러멜 설탕 100g
소스
생크림 100g

토핑 캐러멜초콜릿 적당량

펄 솔트 약간

캐러멜(시판용) 12개

| 준비 작업

: 버터는 사방 1cm의 주사위 크기로 잘라 냉장 보관해 주세요.

: 가루재료는 한꺼번에 계량하고, 액체재료도 한번에 계량해 미리 준비
합니다.

: 캐러멜소스는 38쪽을 참고해 미리 만들어 차갑게 식혀 둡니다.

: 오븐은 210℃로 15분 이상 예열해 줍니다.

**반죽 만들기 &
마무리**

1 냄비에 버터를 넣고 실리콘주걱으로 저어가며 끓여 줍니다.

2 짙은 갈색이 날 정도로 끓인 후 볼에 옮겨 담아 식혀 줍니다.

3 다른 볼에 흰자를 넣고 거품기로 풀어 줍니다.

4 3에 설탕과 소금을 넣고 섞어 줍니다.

5   나머지 가루재료를 모두 체 쳐 넣고 거품기로 섞어 줍니다.

6   40~60℃ 사이로 식혀 준비한 2의 버터를 한번에 넣고 거품기로 골고루 섞
어 줍니다.

7   매끈하게 섞은 반죽에 미리 준비해 둔 캐러멜소스를 넣고 섞어 줍니다.

8   7의 반죽을 짤주머니에 담아 준비하고, 피낭시에 틀에 가볍게 녹인 버터(분량 외)를 붓으로 칠해 줍니다.

9   피낭시에 틀 높이의 70% 정도가 되도록 팬닝해 줍니다.

10 캐러멜초콜릿을 얹어 오븐에서 190℃로 14분간 구워 줍니다. 굽기 전에 펄
    솔트를 소량 뿌려 줍니다. 구운 후에는 틀에서 바로 꺼내 식힘망으로 옮겨
    식힌 후 취향에 따라 캐러멜소스와 시판용 캐러멜을 올려 마무리합니다.

보관 방법 반죽은 냉동 보관 시 최대 1개월 정도 보관 가능하며, 구운 후에는 실온에서 3일, 냉동에
서는 10일 정도 보관 가능합니다.

피스타치오
체리 다쿠아즈

다쿠아즈 시트 위에 피스타치오 크림과 체리를 더해 피스타치오 체리 다쿠아즈를 만들었습니다. 고소함 속에 체리의 상큼함이 매력적인 구움과자입니다.

| 도구

냄비, 볼, 핸드믹서, 체, 실리콘주걱, 짤주머니, 824번 또는 825번 깍지, 원형 미니 타르트 틀, 종이포일(테프론시트), 오븐 팬, 식힘망

| 재료
약 12개 분량

반죽
- 흰자 105g
- 설탕 46g
- 아몬드가루 70g
- 슈거파우더 50g
- 박력분 20g
- 피스타치오가루 10g

피스타치오 크림
- 노른자 30g
- 설탕 38g
- 물 13g
- 버터 100g
- 피스타치오 프랄린 20g

토핑
- 체리 12개
- 피스타치오 분태 적당량

| 준비 작업

: 버터와 흰자는 실온에 꺼내 미리 준비합니다.

: 토핑용 피스타치오는 소금을 한 꼬집 뿌린 후 오븐에서 170℃로 5분간 구워 준비합니다.

: 오븐 팬에 종이포일 또는 테프론시트를 깔아 준비합니다.

: 오븐은 190℃로 15분 이상 예열해 줍니다.

**피스타치오 크림
만들기**

1   냄비에 물과 설탕을 넣고 118~121℃까지 가열해 시럽을 만듭니다.

2   볼에 노른자를 넣고 핸드믹서로 노른자의 색이 밝아질 때까지 휘핑한
후 1을 흘려 넣으며 휘핑해 줍니다.

3   색이 밝아지고 온도가 실온에 가깝게 내려갈 때까지 휘핑합니다.

4   미리 꺼내 준비한 실온의 버터를 조금씩 넣으며 휘핑합니다.

5   다른 볼에 4의 크림 100g과 피스타치오 프랄린 20g을 섞어 피스타치오 크
      림을 완성해 짤주머니에 담아 준비합니다.

1 볼에 흰자를 넣고 핸드믹서로 섞어 준 후 설탕을 3회에 걸쳐 나눠 넣으
   며 머랭을 단단하게 만들어 줍니다.

2 아몬드가루, 슈거파우더, 박력분, 피스타치오가루를 체 쳐 넣고 실리콘
   주걱으로 떠올리듯이 섞어 줍니다.

3   2의 반죽을 짤주머니에 담아 줍니다.

4   종이포일을 깔아 준비한 오븐 팬에 원형 미니 타르트 틀을 올리고 3의 반
     죽을 짜 줍니다.

5   체를 이용해 슈거파우더(분량 외)를 골고루 뿌린 후 오븐에서 170℃로 17
     분간 구워 줍니다.

6   구운 후에는 식힘망으로 옮겨 틀을 제거하고 식힌 후 피스타치오 크림
을 짜 줍니다.

7   6에 미리 로스팅해 준비한 피스타치오 분태를 올리고 체리로 장식해
마무리합니다.

보관 방법 반죽은 냉장 보관 시 최대 3일 보관 가능하며, 구운 후에는 냉동 보관 후 섭취할 것을 추천합니다.

헤이즐넛
다쿠아즈

헤이즐넛 시트, 헤이즐넛 프랄린, 헤이즐넛 크림 조합의 다쿠아즈입니다.
헤이즐넛향을 한가득 느껴 보세요.

| 도구

냄비, 볼, 핸드믹서, 체, 실리콘주걱, 짤주머니, 다쿠아즈 틀, 종이포일(테
프론시트), 스크래퍼, 오븐 팬, 식힘망

| 재료
약 24개 분량

| **반죽** | 흰자 105g |
| 설탕 46g |
| 헤이즐넛가루 70g |
| 슈거파우더 50g |
| 박력분 20g |

| **헤이즐넛 크림** | 노른자 30g |
| 설탕 38g |
| 물 13g |
| 버터 100g |
| 헤이즐넛 프랄린 20g |

| 준비 작업

: 버터와 흰자는 실온에 꺼내 미리 준비합니다.

: 오븐 팬에 종이포일 또는 테프론시트를 깔아 준비합니다.

: 오븐은 190℃로 15분 이상 예열해 줍니다.

헤이즐넛 크림
만들기

1 냄비에 물과 설탕을 넣고 118~121℃가 될 때까지 가열해 시럽을 만듭니다.

2 볼에 노른자를 넣고 핸드믹서로 노른자의 색이 밝아질 때까지 휘핑한 후
   1을 흘려 넣으며 휘핑해 줍니다.

3 색이 밝아지고 온도가 실온에 가깝게 내려갈 때까지 휘핑합니다.

4 미리 꺼내 준비한 실온의 버터를 조금씩 넣으며 휘핑합니다.

5 다른 볼에 4의 크림 100g과 헤이즐넛 프랄린 20g을 섞어 헤이즐넛 크림을
   완성해 짤주머니에 담아 줍니다.

1 볼에 흰자를 넣고 핸드믹서로 섞어 준 후 설탕을 3회에 걸쳐 나눠 넣으
며 머랭을 단단하게 만들어 줍니다.

2 헤이즐넛가루, 슈거파우더, 박력분을 체 쳐 넣고 실리콘주걱으로 떠올
리듯이 섞어 줍니다.

3   2를 짤주머니에 담고, 종이포일을 깔아 준비한 오븐 팬에 다쿠아즈 틀을
올려 준비합니다.

4   다쿠아즈 틀에 반죽을 팬닝해 줍니다.

5 스크래퍼로 평평하게 정리한 후 다쿠아즈 틀을 제거합니다.

6 체를 이용해 슈거파우더(분량 외)를 골고루 뿌린 후 오븐에서 170℃로 17분간 구워 줍니다.

7 6을 식힘망으로 옮겨 식힌 후 헤이즐넛 크림을 샌드해 마무리합니다.

보관 방법 반죽은 냉장 보관 시 최대 3일 보관 가능하며, 구운 후에는 냉동 보관 후 섭취할 것을 추천
합니다.

Chapter 6

양굽당의 시그니처

양굽당에서는 단정하면서도 아기자기한 멋스러움과 단순한 구움과자 속에 프랑스 디저트의 매력을 가미함으로써 풍부한 맛을 내고자 합니다. 그중에는 많이 이들이 사랑해 준 다양한 티케이크, 푸딩, 화려하면서도 깨끗한 파블로바 등이 있습니다. 이 책에서 그중 몇 가지를 소개합니다.

레몬 라임
티케이크

여름날의 레몬과 라임은 싱그러움을 넘어 상큼함을 선사해 줍니다. 신선한 레몬과 라임을 구입했다면 망설이지 말고 레몬 라임 티케이크를 만들어 보세요.

| 도구

볼, 거품기, 실리콘주걱, 체, 붓, 레몬 모양 틀, 그라인더, 짤주머니, 종이포일(테프론시트), 오븐 팬, 식힘망

| 재료
약 12개 분량

반죽
버터 120g
설탕 124g
꿀 10g
달걀 120g
레몬제스트 10g
라임제스트 5g
박력분 120g
베이킹파우더 4g

레몬 글레이즈
슈거파우더 320g
레몬즙 68g

토핑
레몬제스트 약간
건조 레몬칩(시판용)
적당량

| 준비 작업

: 반죽재료는 모두 실온에 꺼내 미리 준비해 둡니다.

: 제스트는 그라인더로 레몬과 라임의 껍질을 갈아 설탕과 섞어 준비합니다.

　⬡ 크기마다 다르지만 레몬과 라임 1개의 제스트 양은 대략 3g 내외입니다.

: 레몬즙은 미리 짜서 준비합니다.

: 버터는 전자레인지 또는 중탕으로 녹여 준비합니다.

: 레몬 글레이즈는 볼에 슈거파우더와 레몬즙을 넣고 섞어 준비합니다.

: 오븐은 190℃로 15분 이상 예열해 줍니다.

반죽 만들기 &
마무리

1   레몬 모양 틀에 붓으로 녹인 버터(분량 외)를 한 겹 발라 줍니다.

2   볼에 달걀, 레몬과 라임제스트를 섞은 설탕과 꿀을 넣고 거품기로 섞어 줍니다.

3   나머지 가루재료를 모두 체 쳐 넣고 섞어 줍니다. 덩어리진 것이 없고 텍스처가 균일할 정도로 섞어 줍니다.

4   녹여 준비한 버터를 넣고 거품기로 섞어 줍니다.

5   4의 텍스처가 균일해지고 윤기가 날 때까지 좀 더 섞어 줍니다.

6   짤주머니에 5의 반죽을 담아 냉장고에서 최소 1시간 이상(최대 2일 정도) 숙성해 줍니다.

7   6의 반죽을 틀에 50% 정도 채우고 오븐에서 175℃로 15분간 구워 줍니다.

8   구운 후 틀에서 내용물을 뒤집어 잠시 식혀 줍니다.

     바로 식힘망으로 옮길 경우 식힘망의 그릴 자국이 생겨날 수 있으니 주의해 주세요.

9   종이포일을 깔아 준비한 오븐 팬 위에 식힘망과 함께 티케이크를 올려 좀 더 식혀 줍니다.

10   준비해 둔 레몬 글레이즈를 짤주머니에 담아 짜 주거나 숟가락으로 티케이크에 골고루 도포해 줍니다.

11   완전히 식힌 후 레몬 글레이즈를 뿌리고 레몬제스트나 건조 레몬칩을 올려 마무리합니다.

보관 방법 반죽은 냉장 보관 시 최대 48~72시간, 냉동 보관 시에는 5일 이내로 보관 가능하며, 사용 전 실온에서 해동하여 반죽이 부드러워졌을 때 사용하는 것이 좋습니다. 티케이크를 구운 후에는 냉장에서 4일, 냉동 후에는 실온에서 해동하여 섭취할 것을 추천합니다.

공주밤 말차
티케이크

제주 말차 베이스의 반죽에 밤페이스트를 넣고 말차 글레이즈로 감싸 밤
과 말차의 조화로움을 느껴 볼 수 있도록 만든 티케이크입니다.

| 도구

볼, 거품기, 실리콘주걱, 체, 붓, 밤 모양 틀 12구, 랩, 짤주머니, 종이포일
(테프론시트), 오븐 팬, 식힘망

| 재료

약 12개 분량

반죽
버터 120g
달걀 120g
설탕 118g
박력분 105g
말차가루 15g
베이킹파우더 4g
밤페이스트 132g

**말차
글레이즈**
화이트코팅 초콜릿 200g
말차가루 5g
포도씨유 4g

토핑
식용 금박 약간

| 준비 작업

: 반죽재료는 모두 실온에 꺼내 미리 준비해 둡니다.

: 가루재료들은 함께 계량 후 체 쳐서 준비합니다.

: 버터는 전자레인지 또는 중탕으로 녹여 준비합니다.

: 말차 글레이즈는 화이트코팅 초콜릿을 중탕 또는 전자레인지를 이용
  해 녹인 후 말차가루와 포도씨유를 섞어 준비합니다.

: 오븐은 210℃로 15분 이상 예열해 줍니다.

**반죽 만들기 &
마무리**

1 볼에 실온에 준비한 달걀과 설탕을 넣고 거품기로 섞어 줍니다.

2 가루재료를 체 쳐 넣고 거품기로 섞어 줍니다.

3 40~60℃ 사이로 녹인 버터를 2에 넣고 섞어 줍니다.

4 밤페이스트 20g을 으깨어 넣어 줍니다. 잘 섞은 후 밀착 랩핑하여 냉장
   에서 2시간 휴지합니다.

5 밤 모양 틀에 녹인 버터(분량 외)를 가볍게 칠하고, 4의 반죽을 꺼내 실
   리콘주걱으로 잘 섞은 후 짤주머니에 담아 줍니다.

6 반죽을 틀에 50% 정도 채워 줍니다.

7 밤페이스트를 반죽 중간에 넣고 가볍게 눌러 준 후 오븐에서 193℃로 14분
간 구워 줍니다.

8 구운 후 바로 꺼내 식힘망에서 식힌 후 말차 글레이즈를 도포하고 식용 금
박으로 장식해 마무리합니다.

보관 방법 반죽은 냉장 보관 시 최대 48~72시간, 냉동 보관 시에는 5일 이내로 보관 가능하며, 사용 전
실온에서 해동하여 부드러워졌을 때 사용하는 것이 좋습니다. 티케이크를 구운 후에는 실온에서 4일,
냉동 후에는 실온에서 해동하여 섭취할 것을 추천합니다.

초콜릿 가나슈
마들렌

구움과자점에 가면 광택나는 초콜릿 코팅이 배꼽 한가득 솟은 초콜릿 마들렌을 자주 만날 수 있을 거예요. 기본적인 구움과자이지만 실패 없이 마들렌을 굽고 초콜릿을 입힐 수 있도록 정리해 담아 보았습니다. 여기에 부드러운 가나슈를 넣어 진한 초콜릿 맛을 느껴 보세요.

| 도구

볼, 체, 실리콘주걱, 랩, 거품기, 붓, 마들렌 틀, 짤주머니, 애플 코어러, 필름지

| 재료

약 12개 분량

반죽
버터 120g
설탕 115g
달걀 110g
박력분 108g
코코아파우더 15g
베이킹파우더 4g

초콜릿 가나슈
다크커버춰 초콜릿 120g
데운 생크림 60g
차가운 생크림 60g

토핑
다크코팅 초콜릿 250g

| 준비 작업

: 반죽재료는 모두 실온에 꺼내 미리 준비해 둡니다.

: 가루재료들은 함께 계량 후 체 쳐서 준비합니다.

: 버터는 전자레인지 또는 중탕으로 녹여 준비합니다.

: 다크코팅 초콜릿은 전자레인지 또는 중탕으로 녹여서 사용합니다.

: 오븐은 210℃로 15분 이상 예열해 줍니다.

**초콜릿 가나슈
만들기**

1   뜨겁지 않게 녹인 다크커버춰 초콜릿에 데운 생크림(50℃ 내외)을 넣고 실리콘주걱으로 섞어 줍니다. 이때 공기가 많이 주입되지 않도록 주의합니다.

2   차가운 생크림을 2회에 걸쳐 나눠 넣으며 매끈하게 섞어 줍니다.

3   밀착 랩핑하여 8~12시간 동안 냉장에서 차갑게 보관합니다.

4   랩을 제거한 후 잘 저어서 짤주머니에 담아 사용합니다.

**반죽 만들기 &
마무리**

1 볼에 실온 상태로 준비한 달걀을 넣고 거품기로 잘 풀어 줍니다.

2 설탕을 넣고 섞은 후 나머지 가루재료를 체 쳐 넣고 거품기로 섞어 줍니다.

3 40~60℃ 사이로 녹여 준비한 버터를 넣고 섞어 줍니다.

4 3을 밀착 랩핑하여 냉장에서 2시간 휴지합니다.

5 마들렌 틀에 녹인 버터(분량 외)를 가볍게 칠하고, 4의 반죽은 실리콘 주걱으로 잘 섞은 후 짤주머니에 담아 줍니다.

6 반죽을 마들렌 틀의 1/3 정도까지 채우고 오븐에서 193℃로 13분간 구 워 줍니다.

7 구운 후 틀에서 내용물을 뒤집어 잠시 식혀 준 다음 애플 코어러로 구 멍을 내 줍니다.

8 깨끗한 틀에 녹여서 준비한 다크코팅 초콜릿을 넣고 7을 올린 후 그대로
   냉동합니다.

9 8의 마들렌을 꺼내 초콜릿 가나슈를 채우고 그 위에 얇은 필름지를 붙여
   줍니다.

10 틀에서 꺼내어 뒤집어 마무리합니다.

보관 방법 반죽은 냉장 보관 시 최대 48~72시간 보관 가능하며, 구운 후에는 냉동 후 실온에서 해동
하여 섭취할 것을 추천합니다.

파블로바

달걀 흰자와 설탕만 있으면 만들 수 있는 단단한 머랭과 신선한 과일, 그리고 함께 곁들일 휘핑크림으로 만들 수 있는 양굽당의 시그니처입니다. 계절이 바뀔 때마다 과일을 바꿔 올리면서 다양한 식후 디저트로 만들어 볼 수 있습니다.

| 도구

볼, 체, 핸드믹서, 실리콘주걱, 종이포일(테프론시트), 별 모양 깍지(847번), 짤주머니, 오븐 팬, 식힘망

| 재료

약 25개 분량(크기에 따라 상이)

반죽
흰자 300g
설탕 300g
분당 10g

휘핑크림
생크림 200g
설탕 20g

토핑
제철과일 적당량
식용 금박 약간
타임 약간

| 준비 작업

: 재료는 실온에 미리 꺼내 준비합니다.

: 짤주머니에 깍지를 끼워 준비합니다.

: 휘핑크림은 165쪽 준비 작업을 참고해 만들어 준비합니다.

: 오븐 팬에 종이포일 또는 테프론시트를 깔아 줍니다.

: 오븐은 120℃로 15분 이상 예열해 줍니다.

**반죽(머랭) 만들기 &
마무리**

1 볼에 실온 상태로 준비한 흰자를 넣고 핸드믹서로 거품을 가득 올려 줍
　니다.

2 설탕을 3회에 걸쳐 나눠 넣으며 뿔이 설 정도로 머랭을 만들어 줍니다.

3 머랭이 너무 단단할 경우에는 실리콘주걱으로 조금 풀어 줍니다. 반대
　로 머랭에 힘이 없을 경우에는 핸드믹서로 좀 더 섞어 줍니다.

4 분당을 체 쳐 넣고 핸드믹서 또는 실리콘주걱으로 가볍게 섞어 머랭이
　단단한지 확인해 줍니다.

5 4의 머랭을 짤주머니에 담아 줍니다.

6 종이포일 또는 테프론시트를 깔아 준비한 오븐 팬 위에 원하는 모양으로 머랭을 짜 줍니다.

7 오븐에서 100℃로 1시간 50분간 구워 줍니다.

8 7을 꺼내 식힘망으로 옮겨 충분히 식힌 후 휘핑크림과 제철과일을 올리고 타임, 식용 금박 등으로 장식해 마무리합니다.

보관 방법 반죽은 냉장 보관 시 최대 24시간 보관 가능하며, 구운 후에는 냉장에서 3일, 냉동에서는 5일 이내에 섭취할 것을 추천합니다.

바나나 푸딩

크렘 파티시에르와 휘핑한 생크림을 넣어 만든 바나나 푸딩입니다. 케이크 크림으로도 사용할 수 있고, 다른 과일과 함께 푸딩으로도 만들 수 있는 레시피입니다. 부드러운 크림이 매력적인 푸딩을 만들어 보세요.

| 도구

볼, 거품기, 냄비, 실리콘주걱, 사각 용기, 랩, 핸드믹서, 푸딩 컵

| 재료

120㎖ 약 7개 분량

크렘 파티시에르

노른자 50g

설탕A 53g

옥수수전분 38g

우유 200g

바닐라빈 1/4개

생크림 250g

설탕B 20g

바나나 200g

계란과자(시판용) 100g

토핑 타임 약간

| 준비 작업

: 모든 재료는 실온에 미리 꺼내 준비합니다.

: 가루재료는 미리 계량해 준비합니다.

: 우유와 바닐라빈은 섞은 후 미리 데워서 준비합니다.

**크렘 파티시에르 만들기
& 마무리**

1   볼에 실온 상태로 준비한 노른자를 넣고 거품기로 풀어 줍니다.

2   설탕A를 넣고 색이 밝아질 때까지 섞어 줍니다.

3   2에 옥수수전분을 넣고 매끈하게 섞어 줍니다.

4   바닐라빈을 넣고 따뜻할 정도로 데운 우유를 3에 넣은 후 실리콘주걱으로 골
     고루 섞어 줍니다.

5   4를 냄비로 옮겨 담은 후 거품기로 저으며 수분을 날려 줍니다.

6   약간 걸쭉한 질감이 날 때까지 거품기로 저은 후, 사각 용기에 옮겨 담아 밀
      착 랩핑합니다.

7   6을 실온에 가깝게 식혀 준 후 거품기로 다시 풀어 줍니다.

8   다른 볼에 생크림과 설탕B를 넣고 핸드믹서로 휘핑해 줍니다.

9   7과 8의 두 가지 크림을 하나의 볼에 담아 실리콘주걱으로 매끈하게 잘 섞어
      줍니다.

10   바나나를 잘라 넣고 가볍게 섞어 줍니다.

11   준비한 푸딩 컵에 계란과자를 넣고, 10의 크림을 담은 후 타임으로 장식해 마
      무리합니다.

보관 방법 반죽은 냉장 보관 시 최대 24시간 보관 가능하며, 만든 후에는 냉장에서 3일, 냉동에서 5
일 이내 섭취할 것을 추천합니다.